Hinrik Schulte

Elektroflug leicht gemacht

Erfolgreich einsteigen und fliegen

Elektroflug leicht gemacht

Erfolgreich einsteigen und fliegen

Hinrik Schulte

Verlag für Technik und Handwerk
Baden-Baden

 **Fachbuch**

Best.-Nr.: 310 2122

Redaktion: Mario Bicher

Lektorat: Claus Keller

Bibliografische Information Der Deutschen Bibliothek
Die Deutsche Bibliothek verzeichnet diese Publikation in der Deutschen
Nationalbibliografie; detaillierte bibliografische Daten sind im Internet
über http://dnb.ddb.de abrufbar.

ISBN 3-88180-722-5

© 1. Auflage 2005 by Verlag für Technik und Handwerk
Postfach 22 74, 76492 Baden-Baden

Printed in Germany
Druck: WAZ-Druck, Duisburg

Inhaltsverzeichnis

Über den Autor

Mehr als 25 Jahre praktische Erfahrung mit ferngesteuerten Elektroflugmodellen sind die Grundlage für einen reichen Schatz an Wissen über diese Sparte. In dieser Zeit hat Hinrik Schulte unzählige Modelle gebaut und geflogen, egal ob groß oder klein, schnell oder langsam. Seit einigen Jahren haben es ihm aber doch immer mehr die kleinen und langsamen Modelle angetan, die so schön alltagsfreundlich sind.

Wie die meisten anderen Modellflieger steht er im ständigen Spannungsfeld zwischen Beruf, Familie und Hobby. Deshalb sind seine Pläne für die Modelle nicht in den Himmel gewachsen, sondern es sind die Flieger geblieben, mit denen man ohne großen Aufwand viel Flugspaß haben kann. Für Hinrik Schulte muss auch die im Keller verbrachte Bauzeit mit dem eigentlichen Fliegen in einem gesunden Verhältnis stehen, wenn das Hobby Freude machen soll. Also sind langwierige Bauorgien ebenso wenig sein Ding wie immer nur ARF-Modelle von der Stange. Ein bisschen Experimentieren mit Modellen, Fernsteuerungen und den Antriebskomponenten gehört natürlich dazu, aber dabei darf es nicht zu wissenschaftlich werden, wenn es noch Vergnügen bereiten soll. Ganz so hat er auch dieses Buch geschrieben: als einen unterhaltsamen Mix mit etwas theoretischem Unterbau und vielen Tipps aus der Praxis.

Vorwort

Warum soll ich denn mit einem Elektroflugmodell in das Hobby Modellfliegen einsteigen? Diese Frage stellt der Anfänger mit Recht! Wäre es nicht einfacher, mit einem reinen Segelflugzeug anzufangen? Das ist preiswerter, denn man braucht keine teuren Akkus, Motoren, Fahrtregler und Ladegeräte, und man hat auch gar nicht die Probleme mit der ganzen Technik, die dazugehört.

Im Prinzip ist gegen diese Argumentation nichts zu sagen und wir könnten dieses Buch somit gleich wieder schließen, aber Elektroflugmodelle haben einige Vorteile. Wenn Sie nämlich nicht gerade ein ideales Hangflugrevier vor der Haustür haben, in dem Sie bei jeder Windrichtung einen Hang finden, der genug Auftrieb bringt, außerdem nicht über eine optimale Landewiese verfügen oder das alles viel zu überlaufen ist, brauchen Sie doch eine Aufstiegshilfe, um Ihr Modell in Höhen zu bekommen, in denen die Thermiksuche Sinn macht.

Da bleibt dann noch die Schleppwinde oder der F-Schlepp, beides Startmöglichkeiten, bei denen man auf die Hilfe von Kollegen angewiesen ist, die dann doch meistens keine Zeit haben, wenn die Verhältnisse gerade mal ideal sind. Aus diesem Grund gibt es schon heute kaum noch einen Modellflugverein oder auch ein Hangflugrevier, in dem die

Ein Elektrosegler wie der Pedro mit seiner transparenten Bespannung ist bei gutem Flugwetter immer ein Genuss.

Elektroflieger nicht auch ihren festen Platz erobert haben. Größter Vorteil ist wirklich die Unabhängigkeit, die man nur dann genießen kann, wenn man eben seinen Motor doch mit an Bord hat. Ganz zu schweigen natürlich von der Möglichkeit, auch einmal reine Motorflugzeuge zu fliegen, denn der Elektroflug ist ja nun schon lange nicht mehr auf den Elektrosegler mit Hilfsmotor beschränkt.

Im Laufe der Jahre ist die Technik der Antriebe so weit erprobt, dass es fertige Antriebskonzepte zu erschwinglichen Preisen gibt, mit denen der Anfänger auch ohne Vorkenntnisse Erfolge erzielen kann. Trotzdem kann etwas Wissen über die Modelle, die Antriebe und alle anderen Komponenten sicher nicht schaden. Deshalb auch dieses Buch.

Hier will ich dem Anfänger die wichtigsten Begriffe und Grundlagen, die für den sicheren und erfolgreichen Betrieb von Elektroflugmodellen notwendig sind, erklä-ren. Schritt für Schritt wird gezeigt, wie aus einem fast fertigen Modellbausatz ein komplettes und flugfertiges Modell entsteht, mit dem man dann das Fliegen erlernen kann. Dazu kommen noch Tipps und Hinweise zur Wartung der Komponenten und zum Fliegen des Modells.

Wir wollen uns aber auch etwas beschränken, um den Umfang dieses Buches nicht ausufern zu lassen. Über den Bau eines Flugmodells vom Balsabrett bis zum Erstflug kann man problemlos mehrere Bücher schreiben und kommt dann vor lauter lesen nicht mehr zum Fliegen. Daher befassen wir uns hier ausschließlich mit der Fertigstellung eines ARF-Modells (englisch: almost ready to fly, also eines fast fertig gebauten Modells). Für den Anfänger ist das sinnvoll, kürzt er so doch die Bauphase drastisch ab und vermeidet Baufehler, die beim Flug verhängnisvoll werden könnten.

Warum gerade Elektroflug?

Beginnen wir hier ausnahmsweise mal mit einer kleinen Enttäuschung, die aber wohl immer am Beginn einer Modellflugkarriere steht. Da kommt also ein Interessent auf den Modellflugplatz und sieht den Kunstflieger, der mit seinem Modell Figuren an den blauen Himmel zaubert, oder das vorbildgetreue Modell und möchte natürlich auch solch ein Modell fliegen. Wenn der erfahrene Modellflieger jetzt sagt: „Das ist aber noch nichts für dich, was du brauchst, ist ein Anfängermodell!", dann ist die Enttäuschung oft groß.

Wenn ich das Tennisspielen beginne, kann mir schon den Schläger kaufen, mit dem Andrew Agassi spielt, aber beim Modellfliegen ist es wirklich nicht sinnvoll, gleich das Modell des Kunstflugweltmeisters zu kaufen. Es wäre nicht nur viel zu teuer, es würde auch keine 10 Sekunden in der Luft bleiben, wenn man versucht, das Steuern damit zu lernen.

Zugegeben, die meisten Anfängermodelle sehen nicht so aus wie das Flugzeug, mit dem man eigentlich fliegen möchte, aber man muss sie einfach als eine notwendige Zwischenstufe auf dem Weg zum Traumflugzeug sehen. Auf diesem Weg ist es dann hilfreich, und das ist meine feste Ansicht, mit einem elektrisch angetriebenen Modell zu beginnen, da diese im Großen und Ganzen sehr gut und einfach zu handhaben und zu fliegen sind.

Auch am Boden macht der Pedro einen guten Eindruck. Daneben freut sich die Vicky schon auf ihren Einsatz als Anfängertrainer.

Die Pico Cub von Multiplex ist ebenfalls ein gutes Einsteigermodell mit guten Flugeigenschaften und trotz der einfachen Styroporbauweise in der Luft sehr schön anzusehen.

Das Wissen um die Aerodynamik, das Fliegen an sich und die Fernsteuerungen ist am Anfang schon kompliziert genug, da ist es doch besser, wenn man sich um den Antrieb zu Beginn fast gar nicht kümmern muss. Zu den Elektroflugmodellen für Anfänger gibt es bei den renommierten Firmen immer auch Antriebskonzepte, die in den meisten Fällen absolut stimmig sind und die man von der Stange weg einsetzen kann.

Neben der Unkompliziertheit ist die vorher schon einmal erwähnte Unabhängigkeit ein weiteres Argument. Verstehen Sie mich nicht falsch, so richtig Spaß macht das Fliegen erst in der Gruppe, wenn man sich austauschen kann und auch so mal ein Wort miteinander wechselt. Allein auf der Wiese wird es doch schnell langweilig. Aber trotzdem ist es besser, wenn man einfach nicht auf einen Schlepppiloten oder Windenfahrer angewiesen ist und auch das Wetter eine untergeordnete Rolle spielt. Nur so kann man wirklich immer dann fliegen, wenn die Umstände gerade passen, und am Anfang lernt man fliegen wirklich nur, wenn man übt, übt, übt ...

Noch ein Punkt: Auf vielen Modellflugplätzen gibt es für den Betrieb von Verbrennermodellen zeitliche Beschränkungen. Sie dürfen in der Mittagszeit, am Abend und häufig auch am Sonntag nicht geflogen werden. Für Elektromodelle gilt das normalerweise nicht, und das sind doch gerade die Zeiten, an denen ein Berufstätiger noch Zeit für sein Hobby findet.

Es gibt also viele Gründe, die für das elektrisch angetriebene Flugmodell sprechen, und es steht nirgends geschrieben, dass man nach einem erfolgreichen Start mit dem Elektroflieger nicht auch einen reinen Segler oder ein Verbrennermodell fliegen darf. Der Weg bis zum Traumflugzeug ist nicht weit, doch zuvor heißt es Fliegen lernen.

Was braucht man zum Elektrofliegen?

Na logisch, ein Flugzeug! Stimmt, aber das ist nicht alles, denn dazu kommen natürlich auch noch die Komponenten für den Antrieb, die Fernsteuerung und etwas Werkzeug sollte auch vorhanden sein. Doch keine Panik, so viel ist es gar nicht.

Wir haben uns also auf ein ARF-Modell geeinigt, mit dem der Start in den Modellflug losgehen soll. Der Fachhändler, bei dem wir das Modell erstehen, sollte in der Lage sein, uns auch den kompletten Antriebsstrang zu verkaufen. Dazu gehören der Motor, eventuell ein Getriebe, der passende Propeller und ein, besser zwei Akkupacks. Zwischen Motor und Akku kommt noch ein Drehzahlsteller,

landläufig Fahrtregler genannt, der uns hilft, den Motor an- und auszuschalten und auch mal langsam laufen zu lassen. Und nicht zu vergessen die Stecker, die man zum Anschluss des Akkus an den Regler oder das Ladegerät braucht. Kommen wir gleich zum Ladegerät. Da benötigen wir einmal einen Schnelllader, um auf dem Flugplatz aus der Autobatterie laden zu können, aber darüber hinaus ist es sinnvoll, noch ein Ladegerät für den Netzbetrieb zu Hause zu haben. Damit lassen sich die Akkus in einem gewissen Maße pflegen und der Sender laden. Nun zum letzten großen Punkt auf der Einkaufsliste, der Fernsteuerung. Wenn noch nichts vorhanden ist, erwirbt

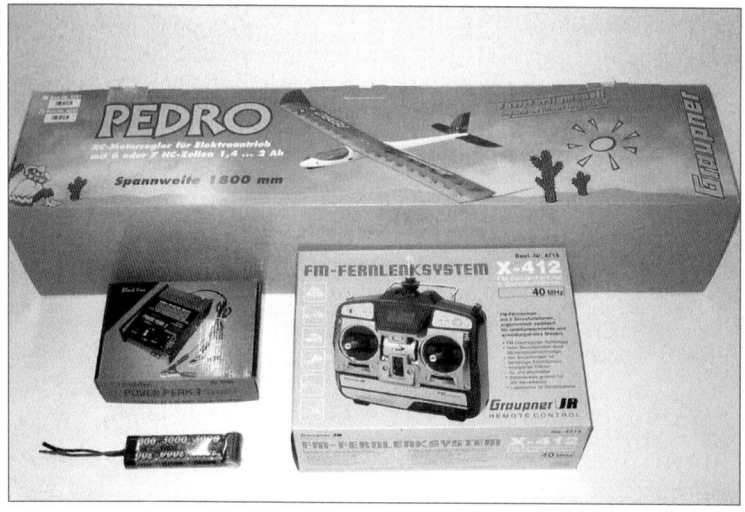

Resultat eines Besuchs beim Fachhändler: ein Modell, eine komplette Fernsteuerung, ein Ladegerät und ein Akku. Das ist die Grundausstattung für den Start ins Modellflughobby.

Die Vicky sieht aus wie eine alte Dame aus der Frühzeit der Modellfliegerei, ist jedoch ein ganz junges Modell mit super Flugeigenschaften, wie wir später noch sehen werden.

Auch aus der Nähe auf dem Flugplatzrasen ist der Pedro noch ein echter Hingucker.

man am besten ein komplettes Set aus Sender mit Akku, Empfänger und zwei Servos sowie den notwendigen Quarzen. Auch hier bitte nicht das Ladekabel vergessen, sonst können Sie den Sender nicht in Betrieb nehmen, da die Akkus normalerweise leer geliefert werden. Dort, wo schon Komponenten vorhanden sind, muss man prüfen, ob sie sich für den Einsatz im ausgewählten Modell eignen. Für die Werkstatt braucht man nur einfache Werkzeu-

ge, wie sie in den meisten Haushalten sowieso vorhanden sind, also einige Schraubenzieher mit Kreuzschlitz und normaler Klinge, ein scharfes Bastelmesser und eine Spitzzange mit Seitenschneider. Später kann man erwägen, sich besseres Werkzeug zu kaufen oder schenken zu lassen. Jetzt fehlt eigentlich nur noch ein Lötkolben mit 30–40 Watt, um die Motorkabel an den Motor zu löten, aber da kann man sich auch durchaus helfen lassen.

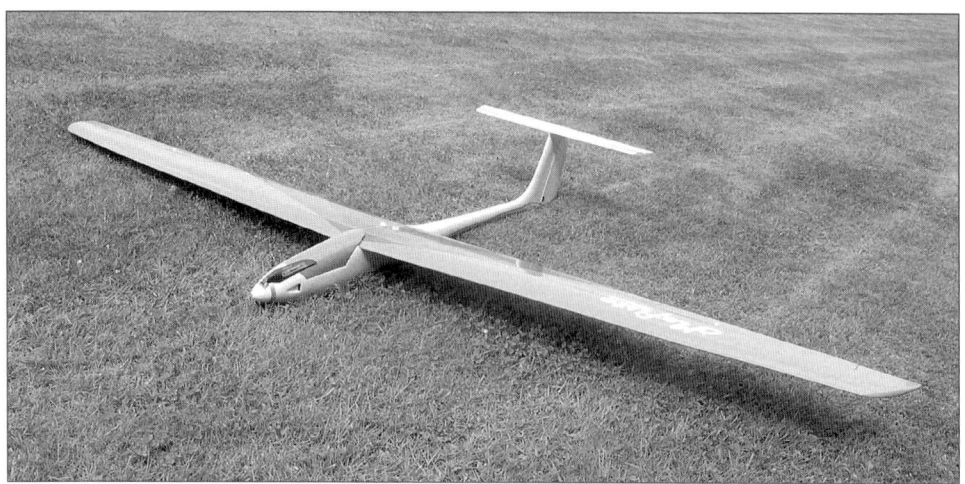

Der Mephisto von Staufenbiel ist ein sehr schönes zweites Modell, wenn man einmal das Fliegen gelernt hat. Mit rund 2 m Spannweite und Querrudern ist er schon ein kompletter Elektrosegler mit ausgewogenen Flugeigenschaften.

Apropos Hilfe, die kleine Einkaufsliste im Anhang ist auch solch eine Hilfe. Erst einmal kann man abhaken, was schon vorhanden ist, und dann die übrig gebliebenen Dinge bei einer gezielten Einkaufstour besorgen. Ich hoffe nur, ich habe beim Erstellen der Liste nichts vergessen!

Kosten

Zuerst einmal kostet der Einstieg in den Elektroflug etwas, das heutzutage wohl eines der kostbarsten Güter überhaupt ist: Zeit! Mittlerweile zwar immer weniger Zeit zum Bauen des Modells, aber das Lernen braucht immer noch viel Zeit, das ist ganz sicher.

Wenn wir jetzt aber über Geld reden wollen, hängt das natürlich davon ab, was man braucht und wie viel man ausgeben möchte oder kann. Hier lässt sich sicher nur ein grober Anhaltspunkt geben, wie viel vernünftige Komponenten für den Einstieg kosten. Selbst dieses „vernünftig" ist schon schwer zu definieren, da jeder eine andere Meinung vertritt. Es handelt sich im Folgenden also um meine

höchstpersönliche Ansicht. Später, wenn wir im Einzelnen zu den verschiedenen Komponenten kommen, werden die Preisunterschiede genauer erläutert, an dieser Stelle mag eine überschlägige Rechnung genügen:

- Elektrosegler ARF   ca.130,– Euro
- Antriebsset (Motor und Propeller direkt)
       ca. 25,– Euro
- Akku (7 Zellen Sanyo 2400)   ca. 45,– Euro
- Fernsteuerset (z.B. Graupner MC 10)
       ca.160,– Euro
- zweites Servo   ca. 15,– Euro
- Fahrtregler mit BEC   ca. 45,– Euro
- Schnelllader (bis 7 Zellen)   ca. 35,– Euro
- Kleber   ca. 15,– Euro
- Werkzeug (Balsamesser u.a.)   ca. 30,– Euro
- Netzlader (einfach)   ca. 40,– Euro
- Ladekabel, Stecker, Kleinteile   ca. 40,– Euro

Summe   ca.580,– Euro

Man kann es drehen und wenden, wie man will, aber diese Summe ist wohl zu investieren – im Einzelfall sogar noch etwas mehr –, wenn man die erste Saison erfolgreich überstehen will. Ein Trost mag sein, dass andere Hobbys noch viel teurer sind! Sinnvoll ist außerdem mindestens ein zweiter Antriebsakku, damit die Wartezeiten zwischen den Flügen nicht so lang werden.

So manch ein Leser wird jetzt sicher schlucken, aber mit gebrauchten Komponenten wird es kaum billiger. Trotzdem lohnt es sich vielleicht, im nächsten Verein oder beim Fachhändler danach zu fragen oder sich bei einer Modellbörse umzusehen. Beim Modell ist das durchaus sinnvoll, bei den anderen Komponenten gibt es nur selten ein Angebot, und wenn jemand einen alten Sender verkaufen will, muss man kritisch fragen, was dieser Sender wohl schon alles mitgemacht hat.

Eine beliebte Quelle sind Internetauktionen, z.B. E-Bay, aber auch hier sollte man kritisch sein. Bei neuen oder neuwertigen Teilen sind die Preise oft so hoch, dass man genauso gut beim Händler kaufen kann, und die Vergangenheit und den Zustand gebrauchter Teile erkennt man oft erst, wenn man sie in der Hand hält. Da entpuppt sich so manches Schnäppchen im Nachhinein dann als teures Vergnügen. All dies führt dann auch direkt zu der Frage:

Bezugsquellen

Wo bekomme ich die Komponenten? Hierbei handelt es sich natürlich um eine Kernfrage, denn es geht nicht nur um einen einfachen Erwerb, sondern natürlich auch um eine Beratung. Vor einigen Jahren war diese Frage einfach zu beantworten, denn der örtliche Modellbaufachhändler Ort war fast die einzige Quelle. Heute sieht das schon ganz anders aus: Nicht nur im Modellbau, sondern auch in vielen anderen Branchen bekommt der lokale Fachhändler mit seinem Ladengeschäft immer mehr Konkurrenz durch überregionale Versandgeschäfte und den Einkauf im Internet. Aber sind wir doch einmal ganz ehrlich: Am liebsten kaufe ich meinen neuen Fotoapparat

doch immer noch über den Ladentisch, denn gerade dann, wenn ich in einer Materie nicht 100%ig sattelfest bin, ist es mir lieber, wenn ich zu einer Person sprechen kann, die mir meine Fragen von Angesicht zu Angesicht beantwortet. Nehmen wir ein Beispiel. Ich kenne mich in Sachen Modellbau, so glaube ich zumindest, doch recht gut aus, aber als es darum ging, eine Digitalkamera zu kaufen, kam ich ins Schwimmen. Da informiert man sich zuerst einmal in Fachzeitschriften, welche Kamera wohl geeignet ist, und vergleicht unendlich viele technische Daten. Dasselbe gilt für die Recherche im Internet. Hier findet man dann auch ganz schnell heraus, was so ein Schätzchen kostet, aber in der Hand gehabt und ausprobiert hat man sie immer noch nicht. Das ist dann die Stunde des Fach-

Mein Sohn Felix ist schon bereit. Der Karton enthält den transportfertig zerlegten Pedro und mit dem Sender in der anderen Hand kann das Fliegen gleich losgehen.

händlers. Ein guter Verkäufer, also nicht der, der am schnellsten redet, sondern der, dem man vertraut, zeigt einem sicher noch einige Aspekte, die man so in den technischen Daten nicht findet. Und wenn es nur darum geht, dass man ganz subjektiv feststellen kann, dass einem die eine Kamera besser in der Hand liegt als die andere.

Dass diese Beratung ihren Preis hat, versteht wohl jeder. Natürlich kann ich meine Wunschkamera am Ende doch bei einem Versender im Internet kaufen und 20 Euro sparen. Aber zumindest ich gebe diese 20 Euro gern aus, wenn ich bei späteren Problemen oder Fragen noch einen kompetenten Ansprechpartner habe.

Ganz ähnlich ist es im Modellbau, auch da hat der Fachhändler seine Probleme, weil immer mehr Modellbauer glauben, dass man nur noch auf den Preis achten muss und dass Beratung unwichtig ist und sicher kein Geld kosten darf. An dieser Stelle sei einmal eine Lanze für den Mann hinter dem Tresen gebrochen, der sich auch später noch um die Probleme seiner Kunden kümmert. Viele Fachhändler sind selbst Modellbauer und -flieger und kennen ihre Produkte nicht nur aus dem Katalog, sondern aus der eigenen Erfahrung. So empfehlen sie sicher den richtigen Antrieb zum Modell und den richtigen Klebstoff für den speziellen Anwendungsfall. Und auch nach dem Verkauf steht der gute Fachhändler seinen Kunden mit Rat und Tat zur Seite, es gibt viele langjährige Beziehungen zwischen Händler und Kunde, zum beiderseitigen Vorteil übrigens.

Wenn man als Einsteiger in dieses Hobby gar keine Hilfe von außen bekommt, kann man fast verzweifeln, mehr noch als bei einem Fotoapparat, denn auch ein fast fertig gebautes Flugmodell ist noch lange kein problemloser Artikel. Da sind schon viele Projekte auf halbem Weg gescheitert und nachher als Kellerfund bei E-Bay für 'nen Appel und ein Ei angeboten worden. Neben der starken Konkurrenz gibt es für den Fachhandel noch

ein zweites Dilemma. Mittlerweile weist der Modellbau so viele Sparten auf, dass man gar nicht alles am Lager haben kann. Die Vielfalt der Modelle, auch und gerade für Anfänger, ist unüberschaubar und es kann natürlich passieren, dass der Fachhändler nicht das Modell am Lager hat, das ich mir ausgesucht habe. Hier sollte man jedoch ein offenes Ohr haben. Vielleicht ist das Modell, das mir der Verkäufer empfiehlt, ja noch besser geeignet als mein Wunschflieger – und wer hat auf diesem Gebiet wohl mehr Erfahrung?

Ach ja, noch ein Wort zu den Preisen. Auch hier sind die Unterschiede gar nicht so groß, wie man gemeinhin annimmt, und wenn man dann noch Porto und Verpackung gezahlt hat, sind die Versandangebote oft nicht mehr so interessant gewesen.

Kritischer ist es natürlich, wenn es keinen Händler am Ort gibt oder die Anfahrtswege wirklich zu lang sind. Es lohnt sich sicher nicht, 100 km weit zu fahren, um einen guten Fachhändler aufzusuchen, wenn man nicht so einiges kaufen will.

Es gibt ganz ohne Zweifel auch einige sehr gute Versandhändler, die sogar eine gute Telefonberatung machen. Einige davon haben sich auf die Bedürfnisse der Elektroflieger spezialisiert und können sogar Antriebssets zusammenstellen, die den Empfehlungen der Herstellerkataloge überlegen sind. Dazu kommt noch, dass sie eine sehr breites Programm an Artikeln für den Elektroflieger haben, teilweise mit Eigenmarken, und damit wirklich alle Wünsche erfüllen können. Allerdings darf man bei diesen Händlern keine Ramschpreise erwarten.

Die Adressen solcher Firmen findet man in den einschlägigen Modellbauzeitschriften und die besten Empfehlungen kommen natürlich von anderen Modellfliegern, die über ihre Erfahrungen mit Versandhändlern berichten.

Ein anderer großer Händler, der die Modellbauer als potenziellen Markt entdeckt hat, ist der große Elektronikversender Conrad Electronic. In einem eigenen Katalog bietet er eine große Anzahl von Produkten an, sowohl Modelle als auch Fernsteuerungen und Kleinteile. Allerdings muss man sich in Sachen Beratung auf den Katalog verlassen oder, wenn man Glück hat, auf einen fachkundigen Verkäufer in einer der Ladenfilialen.

Was ich von den Auktionen im Internet halte, habe ich bereits zuvor gesagt. Über die Preise kann man geteilter Meinung sein, sicher ist aber, dass es hier bestimmt keine Beratung und Hilfe für den Einsteiger gibt. Nur wer genau weiß, was er braucht, und auch die Marktpreise ganz genau kennt, kann hier ein Schnäppchen machen. Andernfalls sollte man besser die Finger davon lassen.

Wenn es um die Ausstattung der Werkstatt geht, ist der lokale Werkzeughandel oder Baumarkt die Quelle der Wahl. Hier finden wir den richtigen Schraubendreher oder die Zange, die wir brauchen. Oft sind die Baumärkte bei den Klebstoffen recht gut sortiert. Wenn nicht, kann es sich lohnen, einmal im Fachgeschäft für Schreibwaren oder Bastelbedarf nachzusehen. Aber auch hier ist natürlich das umfangreiche Angebot eines gut sortierten Fachhändlers unschlagbar und erspart so manchen zusätzlichen Weg.

Wenn man schließlich darangeht, seine Modelle komplett nach eigenen Entwürfen zu bauen, führt sowieso kein Weg mehr am Fachhandel vorbei, da wir Modellbauer doch so viele Kleinigkeiten brauchen, die es anderswo nicht gibt. Daher lohnt es sich, den örtlichen Handel zu unterstützen, denn sonst kommen wir an den Punkt, dass man sich wirklich die Kiefernleiste einzeln schicken lassen muss und dabei für das Produkt gerade mal 50 Cent bezahlt und dann noch ein Mehrfaches an Porto hinzukommt. Und das wäre doch wirklich schade.

Warum ein ARF-Modell?

Diese Frage ist an dieser Stelle durchaus berechtigt, haben wir doch gerade über die Kosten gesprochen, die wir nicht ausufern lassen wollten. Wenn man nun aber die Preislisten wälzt und beim Händler die Preise vergleicht, sind die ARF-Modelle doch mit das Teuerste, was es für einen Anfänger zu kaufen gibt. Böse Zungen werden jetzt behaupten, ich hätte nur keine Lust, den Bau eines Elektroflugmodells zu beschreiben, und wählte daher aus Bequemlichkeit den einfachsten, aber auch teuersten Weg. Seien Sie versichert, so ist es nicht! Es lauern nämlich beim Bau eines Elektroflugmodells doch recht viele Tücken auf einen Anfänger, die man mit einem ARF-Modell ganz locker und elegant umgehen kann. Aber sprechen wir trotzdem kurz über die Alternativen.

Eigenbau nach Bauplan

In jeder Ausgabe der FMT (monatlich erscheinende Fachzeitschrift für Modellflieger aus dem Verlag für Technik und Handwerk, Baden-Baden) findet man als Beilage einen Bauplan für ein Flugmodell. Insgesamt hat sich da ein Lieferprogramm von weit über 1.000 Bauplänen für Flugmodelle aller Art angesammelt, unter denen es auch einige gibt, die für den Elektroflugeinsteiger geeignet sind. Mit einem derartigen Bauplan und der Materialliste kann man nun darangehen, die notwendigen Materialien einzukaufen, und wird dabei feststellen, dass Balsaholz und Leisten gar nicht so billig sind. Außerdem braucht man für ein gut konstruiertes Modell eine Anzahl von unterschiedlichen Materialien in

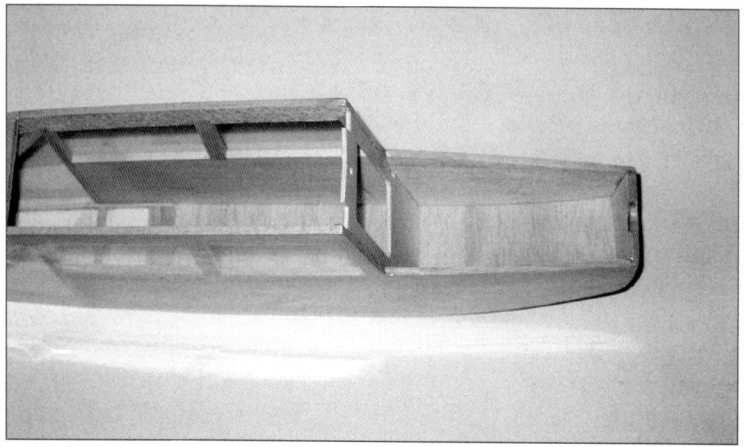

Wenn ein Rumpf in Holzbauweise schon so weit vorgearbeitet ist, kann man auch mit zwei linken Händen nichts mehr falsch machen. Der Holzrumpf der Vicky ist wirklich Modellbau vom Feinsten.

Das Arbeiten mit transparenter Folie ist gar nicht so einfach, muss man doch auch an Stellen, die man später nicht mehr sieht, genau arbeiten. Die fleißigen Hände von Graupner haben das beim Pedro schon erledigt. Das macht manch ein routinierter Modellbauer nicht besser.

verschiedenen Stärken und Abmessungen und der Verschnitt ist relativ hoch. Dazu kommen außerdem die Kosten für all die kleinen und oft recht teueren Beschlagteile, die man häufig auch nur in abgepackten Mengen bekommt, also z.B. ein Paket mit zehn Ruderhörnern, obwohl man nur zwei Stück braucht. Da kommt so einiges zusammen und der Kostenvorteil schwindet deutlich. Außerdem ist es gar nicht so ganz einfach, ein Modell nur aus den Rohmaterialien zu bauen, wenn man vorher noch nie mit dieser Materie konfrontiert wurde. Zu guter Letzt wollen wir die aufzuwendende Zeit nicht vergessen, sie ist wie gesagt heute eines der kostbarsten Güter und ein Eigenbau nach Plan dauert einfach.

Holzbausatz

Da kommt ein konventioneller Bausatz mit vorgeschnittenen und gestanzten Holzteilen oft nicht mehr sehr viel teurer, besonders weil auch die Kleinteile meistens schon in der benötigten Menge vorhanden sind. Doch nun geht es erst richtig los mit dem Bauen. Ein geübter Modellbauer, der die meisten Handgriffe schon kennt und kaum noch im Bauplan und in der Bauanleitung suchen muss, kann einen Elektrosegler in 80–100 Stunden fertig stellen.

Schön, wenn man die Zeit hat, aber die meisten von uns müssen doch die Zeit für ein Hobby erst einmal freimachen und Beruf und Familie stellen auch Ansprüche. Da gehen schnell einige Monate ins Land, bis das Modell fertig ist, und eine Flugsaison ist recht kurz. Hinzu kommt eine natürliche Ungeduld. Man überlegt sich ja auch nicht, dass man Tennisspielen lernen möchte, und baut dann geduldig erst einmal drei Monate an einem eigenen Schläger, sondern die meisten Menschen wollen möglichst schnell mit dem Spielen beginnen.

Nicht zu unterschätzen ist ferner die Gefahr, dass man aus Unwissenheit beim Bau den einen oder anderen Fehler macht. Im schlimmsten Fall übersteht das Modell den

Erstflug dann nicht und all die Arbeit war für die Katz. Bitte glauben Sie mir, dass das nicht selten vorkommt. Ebenso häufig verlieren angehende Modellflieger während einer langen Bauphase die Geduld und die Modelle werden nie fertig.

Almost ready to cover

Eine weitere Stufe der Bauvorbereitung ist ARC, also almost ready to cover. Hier ist das Modell fertig gebaut und muss nur noch mit Bügelfolie oder Papier bespannt werden. Das ist eigentlich gar nicht so schwierig und man kann auch kaum irreparable Fehler machen, aber wenn man die Preise eines ARC-Modells mit denen eines ARF-Modells vergleicht und

dann noch die Kosten für die Bügelfolie sieht, stellt man schnell fest, dass der wirkliche Mehrpreis für ARF oft nur im Bereich von 10 oder 20 Euro liegt. Die kann man natürlich sparen wollen, aber die Qualität der Bespannung der ARF-Modelle namhafter Hersteller ist oft so gut, dass man es selbst nicht besser hinbekommt, zumal beim ersten Modell.

Abschließend kann man also wirklich nur zum ARF-Modell raten. Die Mehrkosten sind gar nicht so hoch, wie es auf den ersten Blick scheint, gravierende Baufehler sind ausgeschlossen und wir kommen sehr schnell zum Kern der Sache, nämlich dem Fliegen. Später kann man dann immer noch sein Traummodell komplett nach Plan bauen. „Der nächste Winter kommt bestimmt!", sagen nicht nur die Kohlenhändler.

Das richtige Modell für den Anfänger

Beim ersten Flugmodell müssen praktische Erwägungen im Vordergrund stehen, denn es soll ja dem ersten Zweck, nämlich dem Erlernen des Modellfliegens, dienen. Die Traummodelle sind zwar eher die schnellen und starken Kunstflugmaschinen, mit denen man scheinbar schwerelos Figuren an den Himmel malen kann, oder der vorbildgetreue Nachbau eines modernen Segelflugzeuges mit extrem schlanken Flügeln, perfekt gebaut in Voll-GFK-Technik, gerade so wie das Vorbild – all diese eignen sich aber leider nicht als erstes Flugmodell, egal ob mit Elektroantrieb, mit Verbrennungsmotor oder als reines Segelflugzeug.

Für den Einstieg in das Hobby brauchen wir stattdessen ein robustes Modell mit guten Flugeigenschaften, das auch einmal eine harte Landung verträgt. Und selbst dann, wenn diese zu hart ausgefallen ist, muss man es noch gut und schnell reparieren können, denn wir wollen ja bald wieder weiterüben.

Genau für diesen Zweck gibt es die Kategorie der Zweckmodelle, bei denen die Optik etwas mehr im Hintergrund steht, die aber auf gute Flugeigenschaften und einfachen Bau optimiert sind. Viele Beispiele zeigen, dass diese Modelle trotzdem nicht hässlich sein müssen, wobei die Schönheit ja bekanntlich sowieso eher im Auge des Betrachters liegt.

Ein letzter Punkt sind natürlich die Kosten für das Modell mit allen benötigten Komponenten, die wir im Rahmen halten wollen.

Wenn wir das Fliegen erst richtig beherrschen, lohnt es sich, mehr Geld für das Traummodell auszugeben, vorher sollte das erste Modell, da es ja mehr eine Durchgangsstation als ein Endpunkt ist, erschwinglich bleiben. Gehen wir die benötigten Eigenschaften einmal im Einzelnen durch.

Robustheit und Reparaturfreundlichkeit

Dem Flugschüler ist sicher gar nicht bewusst, wie stark er sein Modell sowohl im Flug als auch bei der Landung belastet. Ein erfahrener Pilot hat die Möglichkeit, sein Modell im Flug zu schonen, und wenn er vorausschauend fliegt, sind starke Knüppelausschläge, vom Kunstflug einmal abgesehen, kaum nötig. Der Anfänger dagegen übersteuert schon einmal sein Modell, das dann in einen starken Sinkflug übergeht, in Panik reißt er nun den Knüppel durch, das Modell geht aus dem Sinkflug schlagartig in den Steigflug und am Flügel wirkt plötzlich der Rumpf mit einem Vielfachen seines Gewichts ... Bei einem zu leicht gebauten Elektrosegler kann das einen Bruch des Flügels zur Folge haben. Der anschließende Einschlag ist dann meistens auch nicht von schlechten Eltern. Ein gut konstruiertes Anfängermodell dagegen überlebt ein hartes Abfangen oder einen flachen Spiralsturz ohne irreparable Schäden. Auch die Landungen

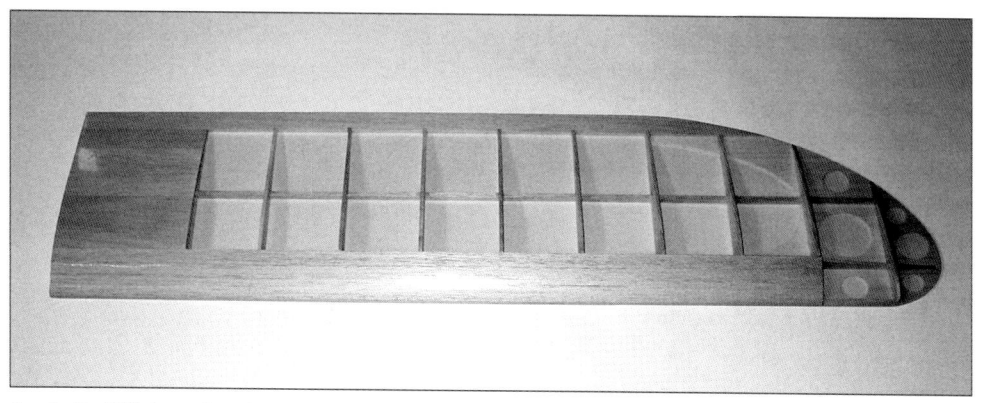

Auch die Flächen der Vicky sind makellos gebaut und bespannt. Nur wer selbst einmal ein Modell mit transparenter Folie bespannt hat, kann ermessen, wie viel Arbeit darin steckt. Ein Bauanfänger erreicht diese Qualität sicher nicht.

sind am Anfang nicht gerade perfekt und ein Ringelpietz mit anschließendem Überschlag lässt sich nicht ganz ausschließen. Auch das sollte das Modell überleben können.

Absolute Festigkeit gibt es allerdings nicht. Man kann auch kein Auto so konstruieren, dass es einen Aufprall bei 100 km/h unbeschadet übersteht. Dann würde es nämlich so schwer, dass es kaum noch fahrbar wäre. Hier zählt der Kompromiss und der bestmögliche Insassenschutz. Dazu kommen wir später auch noch.

Wenn die Landung, oder war es doch eher ein Absturz, einmal zu hart war, müssen wir das Modell wieder in Ordnung bringen können. Am besten noch auf dem Flugplatz mit einigen Tropfen Sekundenkleber.

Wenn es um die Reparaturfreundlichkeit geht, ist die gute alte Holzbauweise für Flugmodelle wohl ungeschlagen. Intelligent gebaut und mit gezielten Verstärkungen versehen, sind Holzmodelle sehr schön und leicht, und wenn doch einmal etwas bricht, kann man die Holz-teile sehr einfach und schnell mit etwas Sekundenkleber wieder reparieren. Das gilt sowohl für den Rumpf als auch für den Flügel. Einen klassischen Holzflügel mit Holmen und Rippen und einer Bespannung mit Bügelfolie kann man eigentlich immer

wieder hinkriegen, und wenn dann die Farbe der Bespannung nicht 100%ig passt, macht das auch erst einmal nichts.

Gerade bei den ARF-Modellen benutzt die Industrie für die Rümpfe jedoch immer lieber Kunststoff. Entweder handelt es sich dabei um Rümpfe aus einem thermoplastischen Kunststoff, ähnlich ABS, der in einer Form geblasen wird, oder aber um Rümpfe aus glasfaserverstärktem Kunststoff (GFK).

Die geblasenen Rümpfe sind aus relativ zähem Material, das sich bei einem Absturz eher verformt als bricht. Die Falten, die es dann wirft, kann man häufig mit einem Föhn wieder halbwegs gerade ziehen und den Rumpf dann weiterverwenden. Risse lassen sich mit Sekundenkleber wieder verschließen.

GFK-Rümpfe sehen noch edler aus und sind meisten auch teurer. Für kleine Risse eignet sich ebenfalls Sekundenkleber, größere Schäden kann man reparieren, indem man eine neue Glasmatte von innen oder außen mit Epoxidharz über den Schaden legt.

Ein weiteres Material auf dem Vormarsch ist Styropor oder Depron. Der Leichtschaum ist in sich schon etwas elastisch und lässt sich im Schadensfall mit passendem Sekundenkleber oder 5-Minuten-Epoxy reparieren. Das 5-Minuten-Expoxy ist auch der ideale Kleber, wenn eine holzbeplankte Styroporfläche beschädigt wurde. Reparieren lässt sich also eigentlich fast alles, aber am einfachsten geht es wirklich noch mit Holz.

Antriebsauslegung

Bevor wir zu den Flugeigenschaften kommen, noch ein etwas ausführlicheres Wort zu den Kosten, denn da gibt es eine entscheidende Grenze im Bereich des Akkus. Solange wir es nur mit einem siebenzelligen Antriebsakku zu tun haben, reicht uns ein einfacher Schnelllader ohne Spannungswandler. Er kostet zwischen 30 und 50 Euro, ein Gerät mit Spannungswandler dagegen zwischen 100 und 200 Euro. Letzteres ist deutlich komfortabler und bietet meistens auch noch Möglichkeiten zur Akkupflege, die die einfachen Geräte nicht haben, aber diese Mehrausgabe kann man vielleicht noch etwas verschieben.

Flugeigenschaften

Bei den Flugeigenschaften braucht der Einsteiger ein Modell, das eigentlich ganz von allein fliegen kann – eigenstabil nennt man so etwas. Wenn das Modell einmal ausgetrimmt ist, sollte es in der Lage sein, ohne Einfluss von außen geradeaus zu fliegen. Besser noch: Es sollte sich aus einer Kurve von allein wieder stabilisieren können. Gut konstruierte Anfängermodelle tun das wirklich, wenn die Situation nicht allzu verfahren ist. Verantwortlich dafür ist hauptsächlich die V-Form des Flügel. Der Profi oder der Kunstflieger bevorzugt dagegen ein Modell, das diese Eigenschaft nicht hat und deshalb in jeder Fluglage, in die es gesteuert wurde, verharrt. Außerdem sollte der Anfängerflieger nicht allzu viele Steuerfunktionen haben. Auf das Querruder können wir ganz gut verzichten, es reicht erst einmal, wenn das Modell nur mit dem Höhen- und Seitenruder gesteuert wird. Dazu

kommt dann natürlich noch die Steuerung der Motordrehzahl. Diese Art der Steuerung nennt man Zweiachssteuerung, wenn das Querruder noch hinzukommt, wird das Modell über drei Achsen gesteuert. Aber das heben wir uns für den nächsten Flieger auf. Allerdings sei vor Modellen gewarnt, die nur eine Steuerfunktion für die Richtungssteuerung haben und auch auf das Höhenruder verzichten. Mit ihnen lernt man nicht richtig fliegen.

Zu guter Letzt kommt noch das Gewicht ins Spiel. Nicht das des Piloten, das des Modells ist entscheidend. Ist das Modell zu schwer, hat der Antrieb Probleme, das Modell auf Höhe zu bringen und es ist auch schnell wieder unten. Dazu kommt noch, dass ein schweres Modell beim Absturz so viel kinetische Energie aufbaut, dass die Schäden sehr groß werden. Bester Vergleich ist hier die Vogelfeder: Durch ihr geringes Gewicht gleitet sie so sanft zu Boden, das sie auch nach einem freien Fall keinen Schaden nimmt.

Nach der Bauart unterscheiden wir die Elektroflugmodelle dann noch in zwei Hauptkategorien: zum einen die Elektrosegler, zum anderen die Elektromotormodelle. Damit wollen wir uns in den folgenden Abschnitten genauer befassen.

Elektrosegler

Der Elektrosegler ist aus dem Segelflugzeug mit Hilfsmotor der frühen Jahre entstanden. Vor dem Siegeszug des Elektroantriebes nahm man oft ein reines Segelflugzeug und baute mehr provisorisch einen kleinen Verbrennungsmotor, der das Modell dann auf Höhe brachte. Man gab dem Motor nur für einige Minuten Sprit mit und konnte dann die Höhe zum Segeln und Thermikfliegen nutzen. Schnell hat man dann erkannt, dass das elektrisch noch viel besser geht, weil man den Motor im Flug mehrfach einschalten und so wieder neu Höhe tanken kann. Außerdem kann man im Landeanflug zur Not das Modell

Der Pedro ist ein Elektrosegler, wie er typischer nicht sein könnte. Gerade das macht ihn für den Einsteiger so attraktiv.

Der Elektrosegler eines Fliegerkollegen ist ein typischer Softliner. In der Abenddämmerung kann man mit einem so leichten Modell oft sehr lange Thermikflüge machen. Ein ganz besonderes Modellflugerlebnis.

mit dem Motor wieder zum Piloten zurückbringen. Ebenso schnell wurde der Motor dann in die Rumpfkontur integriert und mit einer Klappluftschraube versehen, die sich im antriebslosen Flug aerodynamisch günstig an den Rumpf anlegt. Das Konzept der Elektrosegler ist mittlerweile so erfolgreich, dass der alte Segler mit Hilfsmotor lange ausgestorben ist.

Die Elektrosegler unterschied man bald in die Hotliner und die Softliner. Der Hotliner ist ein sehr schnelles und stark motorisiertes Modell, das sich aber für die Anfängerschulung aufgrund seiner Geschwindigkeit kaum eignet. Die Softliner sind dagegen aus den reinen Thermikseglern entstanden und zeichnen sich durch eine geringe Grundgeschwindigkeit aus.

Eine Zweiachssteuerung ist absolut ausreichend, um sie gut zu kontrollieren und um Thermik zu finden. Die langsamen Modelle werden meistens mit großen Luftschrauben langsam auf Höhe gebracht und nach dem Abstellen des Motors kann man dann nach Aufwinden suchen oder die Höhe einfach nur abgleiten. In Sachen Kunstflug kann man mit der Zweiachssteuerung sowieso kaum mehr als einen Looping oder einen Turn machen und dafür reicht die Festigkeit dann auch nur aus.

Für den Anfänger ist ein Softline-Elektrosegler sehr gut geeignet, weil er geringe Fluggeschwindigkeit mit guten Flugeigenschaften und langer Flugzeit kombiniert. Die meisten Elektrosegler schaffen durchaus mit einer Akkuladung eine Gesamtflugzeit von 20–25 Minuten, auch ohne Thermik. Da hat man dann reichlich Zeit, das Fliegen zu üben.

Bei Spannweiten von ca. 2 m ist so ein Modell auch in größeren Höhen gut zu sehen und ist mit einem 7-Zellen-Antrieb gut motorisiert. Außerdem sind Modelle dieser Größe mit einem Gewicht von ca. 1.300–1.500 g selbst bei etwas Wind noch gut zu fliegen, während kleinere und leichtere Flieger da schon Schwierigkeiten machen.

Elektromotormodelle

Im Gegensatz zum Elektrosegler ist die Motormaschine auf ihren Antrieb angewiesen und segelt in den meisten Fällen nicht so gut. Diese Modelle, und auch ihre Antriebe, sind so konstruiert, dass die Antriebe das Modell in der Luft halten sollen. Vollgas, eigentlich richtiger Vollstrom, wird nur eingesetzt, um zu steigen, danach drosselt man den Motor und fliegt mit Halbgas seine Runden. Daher sollte ein Motormodell auch eine Motorlaufzeit von ca. 6–8 Minuten haben, während beim Segler 3–4 Minuten ausreichen, denn es kommt ja noch die Segelzeit hinzu.

Motormodelle sind in der Regel kleiner als Segler, ein Modell für sieben Zellen hat normalerweise eine Spannweite von 100–130 cm. Bei noch kleineren Modellen wird die Flächenbelastung und damit auch die Fluggeschwindigkeit für den Einsteiger zu hoch.

Elektromotormodelle für Anfänger sind ebenfalls häufig über zwei Achsen gesteuert und sollten eigenstabil fliegen. Meistens reagieren sie schneller auf die Ruder als ein Softliner, was für den Anfänger die Gefahr birgt, dass man zu viel steuert und sich das Modell aufschaukelt. Positiv ist, dass die meisten Motormodelle für Anfänger ein Fahrwerk haben. Damit kann man schon einmal Bodenstarts üben und bei der Landung bekommt der Rumpf nicht so schnell einen Stoß. Da man immer mit Antrieb fliegt, benutzt man beim Elektromotormodell auch nur selten einen Klapppropeller.

Park-Flyer

Eine Untergruppe der Elektromotormodelle sind die Park-Flyer. Wie definiert man nun einen Park-Flyer? Das ist nicht ganz einfach, denn die Grenzen sind fließend. Entstanden sind sie, weil man ein Modell suchte, mit dem man auch auf ganz engem Raum fliegen kann. Immer wenn es eng wird, ist Ge-

Hier steht die die Pico Cub von Multiplex im etwas zu hohen Gras des Modellflugplatzes. Mit knapp 120 cm Spannweite und ca. 600 g Fluggewicht ist sie noch ein echter Park-Flyer, den man auch einmal auf dem benachbarten Sportplatz fliegen kann, wenn die Fahrt zum Modellflugplatz zu weit ist.

schwindigkeit natürlich ein Problem und so hat man versucht, sehr leichte Modelle mit großer Flügelfläche zu bauen, bei denen der Flügel schon so profiliert ist, dass er auch bei geringen Geschwindigkeiten sehr viel Auftrieb produziert.

Jetzt könnte man natürlich ein riesiges Modell bauen, das trotz 3 kg Gewicht sehr langsam fliegt, aber die meisten Park-Flyer liegen in ihrem Gewicht zwischen 300 und 600 g und haben Spannweiten von ca. 80–120 cm. Die Tragflächenbelastung liegt dabei mit 15–25 g/dm² deutlich unter denen einen normalen Elektromotormodells, das eine Flächenbelastung von 40–60 g/dm² hat. Selbst ein Softliner liegt oft schon bei 30–40 g/dm² und damit über den Park-Flyern.

Wer so leicht ist, ist langsam und kann auch noch sehr enge Kurven fliegen. So reicht dann ein Fußballplatz als komplettes Flugfeld absolut aus und zum Landen genügt der Strafraum vollkommen. Wer also keinen Modell-

flugplatz in seiner Nähe hat und doch einmal kurz abends noch etwas fliegen möchte, ist mit einem Park-Flyer gar nicht schlecht beraten. Das Vorurteil, diese Modelle seien teuer, weil man nur besonders leichte Komponenten einsetzen kann, ist schon lange entkräftet. Servos, Empfänger, Drehzahlsteller und Akkus sind mittlerweile Großserienprodukte, die es in jedem Fachgeschäft gibt und die auch nicht teurer als die normalgroßen Komponenten sind. Bei den Modellen gab es einen riesigen Boom und so kann man aus einem schier unerschöpflichen Angebot mehr oder weniger vorgefertigter Modelle wählen.

Die meisten Park-Flyer haben nur eine einfache Steuerung über zwei Achsen und fliegen so langsam, dass auch der Anfänger die Möglichkeit hat, damit zurechtzukommen. Nachteilig ist nur, dass man für diese leichten Modelle als Anfänger wirklich fast Windstille braucht und dass man mit ihnen eigentlich nicht so hoch fliegt, dass ein Fluglehrer lange mit dem Eingreifen zögern kann. Er muss dann schon recht schnell reagieren, damit das Modell nicht auf den Boden aufschlägt. Die meisten Park-Flyer werden aus Styropor oder Depron gebaut. Diese Materialien sind leicht, preiswert und vertragen schon einmal einen Knuff, dazu sind sie auch noch recht einfach zu reparieren. Alles Eigenschaften, die dem Modellflugeinsteiger entgegenkommen.

Die letzte Entscheidung, mit welcher Modellkategorie man einsteigt, sollte beim Schüler, aber auch etwas beim möglichen Lehrer liegen, denn auch der muss sich mit dem Modell wohl fühlen. Dazu kommt dann noch ein Abwägen der jeweiligen Verhältnisse. Wenn man immer 50 km zum nächsten Flugplatz fahren muss oder das Modellfliegen lieber allein lernt, ist der Park-Flyer vielleicht vorteilhafter, wenn dagegen ein Modellflugplatz in der Nähe ist, ist vielleicht der Elektrosegler oder das Motormodell besser geeignet. Ein Elektro-Hotliner oder eine reinrassige Kunstflugmaschine ist sicher in keinem Fall das Richtige.

Was braucht man noch?

Nachdem wir nun wissen, wie das Anfängermodell beschaffen sein soll, können wir uns den Komponenten widmen, die wir noch zum Modell brauchen, um es einerseits in die Luft zu bekommen und andererseits natürlich auch zu steuern, damit es wieder in unserer Nähe landet.

Die Auswahl einiger Komponenten ist sehr stark von dem konkreten Modell abhängig, das wir uns ausgesucht haben, aber trotzdem gibt es einige Punkte, die vorab geklärt werden sollten. Zum einen sind das Begriffsdefinitionen, zum anderen geht es darum, wenigstens einmal von einigen Dingen gehört zu haben, die dem Modellbauer immer wieder begegnen.

Außerdem gibt es einige Komponenten, die man zwar unbedingt braucht, die aber nicht so sehr von dem konkreten Modell bestimmt werden. Die Fernsteuerung und das Ladegerät sollen uns ja noch einige Jahre lang begleiten und auch die Akkus sollten möglichst länger als das erste Modell halten.

Motor

Fangen wir also vorne im Modell an und schauen uns einmal den Motor an. Er muss genau zum Modell passen und wird daher speziell zum ausgesuchten Flieger gekauft. Später kann man vielleicht einmal anfangen, ein Modell passend zum Motor zu bauen, aber am Anfang geht es umgekehrt. In den meisten Fällen gibt es in der Beschreibung des Modells auch eine konkrete Empfehlung, welchen Motor man in Kombination mit welchem Akku und welcher Luftschraube einbauen sollte. In der Regel kann man dieser Empfehlung oder aber derjenigen des Fachhändlers trauen und sollte ihr folgen.

Wenn mehrere Empfehlungen gegeben sind, sollte man sich nicht unbedingt für die schwächste Motorisierung entscheiden, allerdings muss es für den Anfänger auch nicht der Hochleistungsantrieb sein.

Da es bei den Elektromotoren für den Flugmodellsport große Qualitätsunterschiede gibt, die eine große Auswirkung auf den Preis haben, folgen hier einige Erläuterungen.

Ferritmotor

Die Ferritmotoren stellen die einfachste Kategorie der Elektromotoren für Flugmodelle dar. Sie sind sehr einfach aufgebaut und werden, zumeist in Fernost, in gigantischen Stückzahlen vollautomatisch gebaut. Im Prinzip werden sie nicht einmal speziell für uns Modelflieger hergestellt, denn wir brauchen viel zu wenig davon, sondern man findet sie in Haartrocknern, Mixern und anderen Haushaltsgeräten ebenso wie als Fensterheberantrieb im Pkw und Ähnliches. Es gibt allerdings große Unterschiede bei diesen Motoren, die im Bereich der Wicklungsdrähte auf dem Anker liegen.

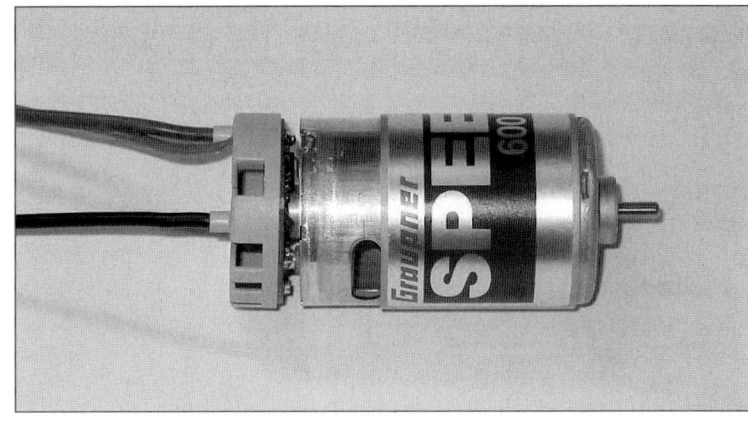

Der Graupner Speed 600 ECO, hier mit dem angelöteten Regler Rondo 600 von Kontronik ist ein typischer Vertreter der günstigen Ferritmotoren, mit denen man schon gute Flugleistungen erzielen kann.

Der Ultra 1600 ist ein kräftiger Geselle, der mit 14 Zellen einen 3,85 m spannenden Elektrosegler locker in die Luft zieht. Bei diesen Leistungen kommt man um einen Cobalt-Samarium-Motor nicht herum.

Deshalb sollte man sich lieber den passenden Motor im Fachgeschäft gleich mit dem Modell kaufen und nicht darauf spekulieren, Mutters Mixer ausschlachten zu können.

Die Ferritmotoren, bei Graupner heißt die Serie „Speed", bei Robbe „Power", kosten etwa 10–25 Euro pro Stück und sind damit sehr erschwinglich. Nachteilig ist, dass sie nur einen durchschnittlichen Wirkungsgrad haben und begrenzte Maximalleistungen umsetzen können. Sinnvollerweise verträgt ein Speed 500/600 einen Strom von 15–20 Ampere, bei 25 Ampere ist er schon überlastet. Außerdem ist die Lebensdauer dann sehr begrenzt.

Allerdings ist das mit der Lebensdauer nicht so schlimm. Wenn man sie nicht stark überlastet, halten diese Motoren durchaus 200 oder 300 Akkuladungen, bevor die Kohlen und die Lager verschlissen sind. Das ist mindestens eine gute Flugsaison lang, danach ist es bei den Preisen auch nicht mehr schlimm, wenn man den Motor entsorgen muss. Reparaturen oder Ersatzteile lohnen hier wirklich nicht. Es ist sogar fraglich, ob es sinnvoll ist, die BB-Versionen dieser Motoren mit einem Kugellager zu kaufen, da sie oft das Doppelte der einfachen Version kosten und dann eben die Kohlen der begrenzende Faktor sind.

Cobalt-Samarium-Motor
Die meisten Cobalt-Samarium Motoren halten schon deutlich länger, und wenn die Kohlen einmal abgenutzt sind, gibt es dafür Ersatz,

eine Kugellagerung ist sowieso üblich. Da hat schon mancher Motor zwei oder drei Modelle überlebt.

Da die Cobalt-Samarium-Motoren in der Regel speziell für die Elektroflieger konstruiert und gebaut werden, können sie die Leistung der Akkus in den meisten Fällen auch besser umsetzen, können höhere Maximalleistungen verarbeiten und haben einen um ca. 10 % besseren Wirkungsgrad als ein Ferritmotor. Ein Cobalt-Samarium-Motor fühlt sich meistens erst ab 20–25 Ampere Strom wohl und die meisten haben ihren höchsten Wirkungsgrad bei 30–35 Ampere. Das macht sich im Flug schon deutlich bemerkbar, und wer einmal mit diesen Motoren geflogen ist, möchte sie eigentlich gar nicht mehr missen.

Also, warum noch über etwas anderes nachdenken? Wenn, ja wenn da nicht der Preis wäre. So ein Ultra von Graupner oder ein ähnliches Fabrikat kostet eben nicht mehr 10–25 Euro, sondern eher 130–200 Euro pro Stück. Dieser Preis ist sogar berechtigt, schließlich werden die Motoren nur in relativ kleinen Stückzahlen speziell gefertigt. Dafür bekommt man locker acht Ferritmotoren ähnlicher Leistungsklasse und vielleicht passt der teure Ultra, der für das jetzige Modell richtig ist, doch gar nicht mehr für das nächste und liegt dann arbeitslos in der Schublade ...

Brushless-Motoren

Brushless, d. h. bürstenlos, war in den letzten Jahren *das* Stichwort bei der Motorenentwicklung. Bei den beiden zuvor genannten Motorenkategorien gibt es immer noch Kohlen, auch Bürsten genannt, die auf dem Kollektor reiben, um die Ankerwicklungen unterschiedlich mit Spannung zu versorgen. Die Aufgaben der Kohlen und des Kollektors übernimmt beim bürstenlosen Motor schon der Drehzahlsteller und es werden die Wicklungen des Ankers mit drei Kabeln, die anderen Motoren haben nur zwei Anschlüsse, direkt vom Regler angesteuert und mit Strom versorgt.

Dadurch haben die Motoren einen noch höheren Wirkungsgrad bei gleichzeitig geringerem Gewicht. Von seinem mechanischen Aufbau her ist solch ein Brushless-Motor fast noch einfacher als sein konventioneller Kollege, aber dafür sind die Drehzahlsteller ungleich aufwendiger. Im Prinzip hat man da drei Steller in einem Gerät, je einen pro Wicklung, und das kostet eben.

Geringeres Gewicht und besserer Wirkungsgrad, gegenüber den Cobalt-Samarium-Motoren sind da mindestens noch einmal 10 % mehr drin, sind ein Muss, wenn man bei Wettbewerben mitfliegen will oder Spitzenleistungen verlangt, für den Einsteiger ist das jedoch nicht ganz so entscheidend und wir sollten den Preis im Auge behalten. Hier ein grober Vergleich, der wohl für sich spricht:

- Speed 600 mit Regler 30 A ca. 60,– Euro
- Ultra 930 mit Regler 50 A ca. 220,– Euro
- entsprechender Brushless-Motor mit Regler ca. 350,– Euro

Die Differenz von 150–250 Euro ist ein ganz schöner Brocken, und selbst wenn man das Geld zur Verfügung hat, sollte man doch darüber nachdenken, es vielleicht an anderer Stelle einzusetzen. Aber dazu kommen wir später.

„Leistung kann man nie genug haben", das gilt nicht nur für Formel-1-Fahrer, sondern auch für Elektroflieger, aber für ein Anfängermodell reicht sicher erst einmal ein einfacher Ferritantrieb, um das Fliegen zu lernen. Später kann man dann immer noch investieren.

Getriebemotor

Wenn wir unserm Modell etwas Gutes tun wollen, sollten wir überlegen, den Direktantrieb gegen einen Getriebemotor auszutauschen. Beim Direktantrieb sitzt der Propeller direkt auf der Motorwelle und dreht sich so schnell wie der Anker des Motors. Leider ist es eine herausragende Eigenschaft aller

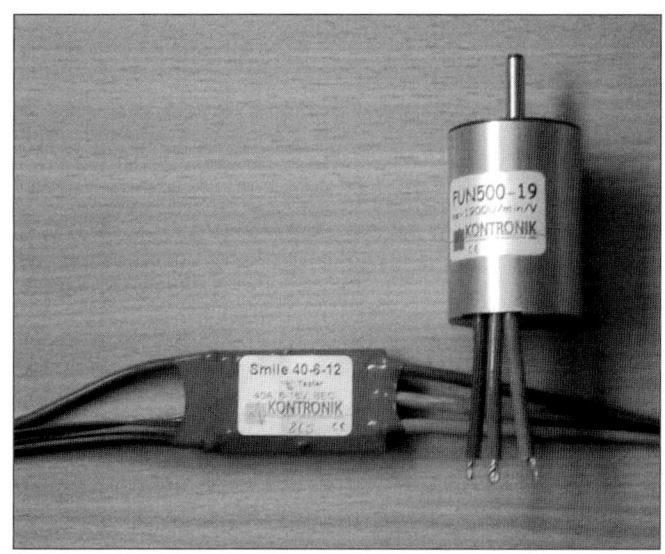

Dieser Fun 500 von Kontronik hat drei Anschlusskabel. Ein sicheres Indiz, dass es sich um einen Bürstenlos-Motor handelt. Obwohl nicht größer als der Speed 600 ECO, reicht er aus, einen über 2 kg schweren Hubschrauber in die Luft zu bringen. Daneben liegt der passende Smile-Regler, der kaum größer als ein Regler für konventionelle Motoren ist.

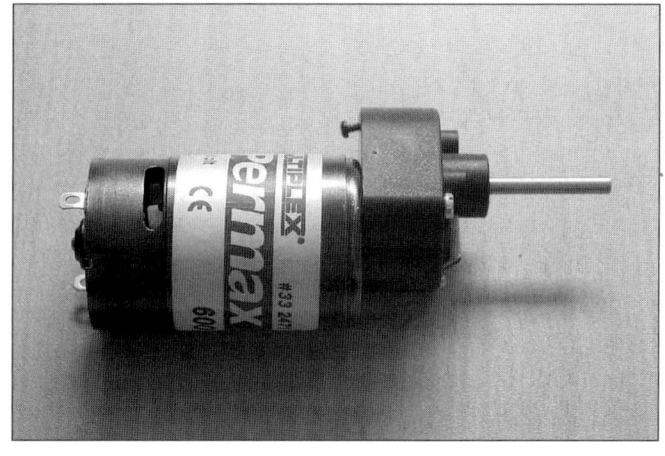

Dieser Permax 600 mit dem 3:1-Untersetzungsgetriebe treibt die Vicky an. Durch das Getriebe verbessern sich die Wirkungsgrade von Motor und Propeller erheblich und der kleine Geselle hat keine Probleme mit der großen Vicky.

Elektromotoren, dass sie zwar hohe Drehzahlen erreichen können, aber mit dem Drehmoment, also mit der Kraft, ist es dann nicht so weit her. Einige Cobalt-Samarium-Motoren sind zwar in Richtung großes Drehmoment konstruiert worden und erreichen auch bei relativ niedrigen Drehzahlen schon ein gutes Drehmoment, aber die meisten Ferritmotoren sind eher hochdrehend. Noch extremer sind die bürstenlosen Motoren, die zwar gern einmal 50.000 Umdrehungen pro Minute machen, aber dann nur noch eine sehr kleine Luftschraube drehen können. Hier kann ein Untersetzungsgetriebe Abhilfe schaffen. Die Drehzahl am Propeller wird herabgesetzt und gleichzeitig erhöht sich das Drehmoment. Den großen Gewinn machen wir Elektroflieger dabei durch die geringere Drehzahl der Luftschraube und die größere mögliche Luftschraube, denn der kleine, hochdrehende Propeller hat nun einmal größere Verluste als ein großer, der sich langsam dreht. Das wirkt sich besonders stark bei langsam fliegenden Modellen aus. Die meisten Elektrosegler

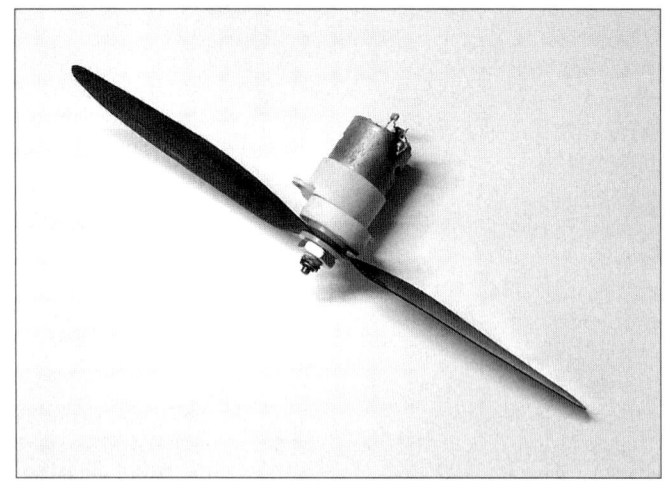

Kleiner Motor und großer Propeller – das geht nur, wenn ein Getriebe hilft wie bei diesem Slow-Flyer-Antrieb.

In aller Offenheit – das Getriebe aus der Vicky. Das Zahnrad ist präzise aus Metall gefertigt, rechts sieht man das Kugellager auf der Abtriebsseite des Getriebes. Alles wirkt sehr solide.

kann man sowohl direkt antreiben als auch mit einem Getriebemotor ausstatten, aber der Direktantrieb erzeugt einen sehr schnellen Luftstrom, der viel schneller ist, als das Modell je werden kann. Wir fahren also, bildlich gesprochen, mit durchdrehenden Rädern.

Der Getriebemotor dreht dagegen die Luftschraube viel langsamer und der Luftstrom wird nur so schnell beschleunigt, wie das Modell auch fliegen kann. Das ist eine deutlich bessere Anpassung und bei gleicher Leistungsaufnahme steigt das Modell viel schneller in den Himmel. Noch deutlicher

wird dieser Effekt bei dem langsamen Park-Flyer. Diese Modelle fliegen eigentlich nur mit Getriebemotoren und großen Luftschrauben. Daher ist, zumindest für den Elektrosegler und den Park-Flyer, der Getriebeantrieb unbedingt zu empfehlen, selbst wenn es den Antrieb leicht um 20–30 Euro verteuert.

Aber auch die Elektromotormodelle können vom Getriebeantrieb profitieren, wenn man die Untersetzung nicht so groß wählt. Die meisten Antriebe für Elektrosegler haben eine Untersetzung von 1:3 bis 1:4,5, während die Antriebe für Park-Flyer Untersetzungsgetriebe von 1:4 bis 1:6 haben. Für ein bodenstartfähiges Elektromotormodell reicht dagegen eine Untersetzung von 1:1,5 bis 1:3. Aber dann profitiert das Modell wieder von dem höheren Standschub, den der größere Propeller erzeugt, und erreicht besser die notwendige Geschwindigkeit zum Start.

Bevor man also darüber nachdenkt, einen teuren Cobalt-Samarium-Motor oder gar einen Bürstenlosen einzubauen, sollte man sich einmal erkundigen, ob man dem Modell nicht auch mit einem Getriebemotor zu besseren Flugleistungen verhelfen kann. Das kommt meistens billiger und bringt doch einen deutlichen Effekt.

Propeller

Die Auswahl des Propellers ist sehr stark vom Motor und vom Modell abhängig und daher entsprechend schwierig. Der Modellflugeinsteiger sollte sich hier wirklich auf die Empfehlungen von erfahrenen Personen verlassen und am Anfang keine Experimente machen.

Zu einer Antriebsempfehlung für ein Modell gehört eben nicht nur ein Vorschlag für den Motor und den Akku, sondern zwingend auch für die richtige Luftschraube zu dieser speziellen Antriebskonfiguration. Die Anleitungen zu den meisten Modellen geben diese Empfehlung und der versierte Fachhändler wird ebenfalls wissen, welcher Propeller zu welchem Modell und welchem Motor gehört.

Ein falscher Propeller kann dazu führen, dass das Modell trotz richtigem Motor und richtigem Akku nicht vernünftig fliegt. Ist der Propeller zu klein, wird dem Motor zu wenig Leistung abverlangt und das Modell steigt nicht richtig. Ist er zu groß, wird der Motor gebremst, sein Wirkungsgrad geht in den Keller und er stirbt über kurz oder lang den Hitzetod, denn eines müssen wir beachten: Elektromotoren sind strohdumm! Wenn Sie Ihrem Automotor zu viel abverlangen, weil Sie im dritten Gang anfahren, wird der Motor abgewürgt und stirbt ab. Ein Elektromotor dagegen versucht es so lange weiter, bis er kaputt ist. Deshalb sollte der Anfänger keine langen Experimente mit der Luftschraube machen und zunächst der Empfehlung für das Modell folgen. Später kann man dann immer noch vorsichtig experimentieren.

Für Modelle, die meistens mit Motorkraft fliegen, empfehlen sich eigentlich nur die starren Luftschrauben, deren Luftwiderstand bei einem Elektrosegler aber störend wirkt und die Leistung im Segelflug behindert. Daher

Der Klapppropeller des Pedro faltet sich aerodynamisch günstig an den Rumpf. So stört er im Segelflug nicht.

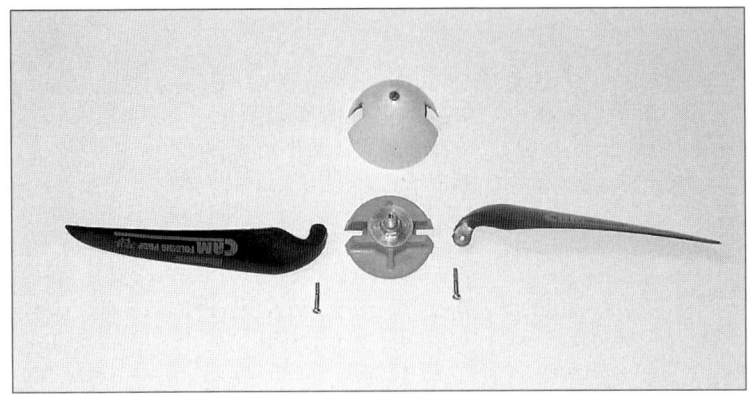

Aus diesen Einzelteilen setzt sich eine Klappluftschraube zusammen.

setzt man für die Segler Luftschrauben ein, deren Blätter sich, aerodynamisch günstig, an die Rumpfnase anlegen, wenn der Motor nicht läuft. Beim Einschalten klappen die Blätter dann automatisch aus. Klappluftschrauben können für den Anfänger aber auch beim Motormodell sinnvoll sein, denn schnell endet eine Landung einmal mit einem Kopfstand und durch den langen Hebel der starren Luftschraube kann sich die Motorwelle verbiegen oder sogar der Motorspant herausbrechen. Die flexiblen Blätter der Klappluftschraube dagegen geben in so einem Fall nach und es passiert nichts. So kann der Klapppropeller gerade bei den einfachen Ferritmotoren der Speed-400/500-Klasse die Lebensdauer deutlich verlängern.

Wichtig ist auch das Auswuchten der Luftschraube, um unnötige Vibrationen zu vermeiden. Was uns beim Auto recht ist, sollte für das Modell nur billig sein.

Akkus

Was nutzen uns das schönste Modell und der beste Motor, wenn er keine Energie bekommt, um zu laufen. Also brauchen wir auch einen Energiespeicher, aus dem wir den Motor versorgen, während das Modell fliegt, denn wir wollen ja nicht mit einem Kabel aus der Steckdose fliegen. Dazu nehmen wir also schweren Herzens einen Akku mit ins Modell.

Schweren Herzens deshalb, weil er wirklich relativ schwer ist, im Normalfall die schwerste Komponente im ganzen Modell. Bräuchten wir den Akku nicht, wäre Elektroflug ganz einfach und, im wahrsten Sinne des Wortes, leicht.

In den Anfangstagen des Elektrofluges war es das größte Problem, einen Energiespeicher zu bauen, der in der Lage ist, in kurzer Zeit die benötigten Energiemengen bereitzustellen, die wir brauchen, um ein Modell zum Fliegen zu bekommen.

Vor etwa 25 Jahren kamen die ersten Akkus, Nickel-Cadmium-Zellen, auf den Markt, denen man bei vernünftiger Baugröße und Gewicht auch einmal Stromstärken von 15–20 Ampere abfordern konnte, ohne dass sie dauerhaften Schaden nahmen.

Seitdem gab es eine rasante Entwicklung: Gute Akkus sind heute problemlos verfügbar und haben, bei gleichen Abmessungen und ähnlichem Gewicht, die drei- bis vierfache Leistung der ersten Akkus von vor 25 Jahren.

Dass die Industrie auf diesem Gebiet solche Fortschritte gemacht hat, liegt sicher nicht an uns Elektrofliegern, denn wir brauchen nur einen geringen Prozentsatz der weltweiten Akkuproduktion. Man muss aber nur mit offenen Augen durch die Welt gehen, um auf Schritt und Tritt immer mehr Geräte für den mobilen Einsatz zu finden, die mit wiederaufladbaren Energiespeichern, also Akkus,

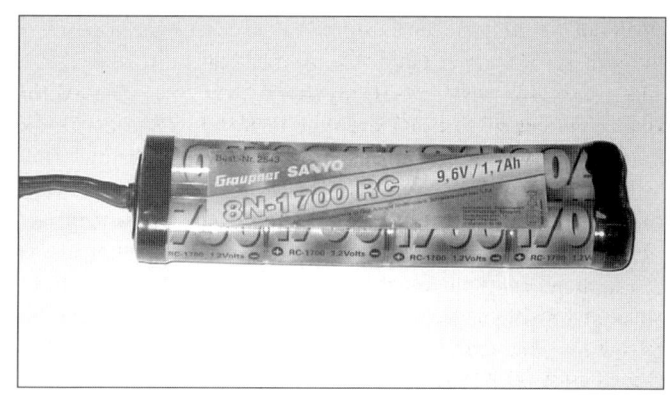

Bei den Akkus gab es in den vergangenen Jahren große Fortschritte. Bei gleichen Abmessungen und nur geringfügig höherem Gewicht hat sich die Kapazität von 1.700 mAh auf 3.000 mAh gesteigert. Das sind die stillen Revolutionen.

Ein Pack mit acht Zellen 1.700 mAh. In der gleichen Größe wären mittlerweile auch 3.000 oder 3.300 mAh möglich.

betrieben werden. Leider sind diese Akkus nicht alle für unsere Zwecke geeignet, da sie nicht auf hohe Spitzenleistungen und kurze Ladezeiten hin konstruiert wurden. Wir sind da als Elektroflieger extrem. Erst soll der Akku in 4–8 Minuten entladen werden und dann auch noch in einer halben Stunde wieder für den nächsten Flug voll sein.

Deshalb ist Akku noch lange nicht Akku und es eignen sich nur wenige Typen für den Einsatz in Elektroflugmodellen. Bevor wir uns diese näher betrachten, hier noch einige generelle Zeilen über Akkus. Jeder Akku hat eine feste Nennspannung und auch eine Nennkapazität. Die Spannung wird in Volt gemessen und beträgt 1,2 Volt pro Zelle, egal welche Type. Diese Spannung ist allerdings nicht konstant. Beim Laden steigt sie auf ca. 1,5 Volt an und beim Entladen kann sie auf 0,8 Volt absinken. Wenn man die Zelle noch weiter entlädt, kann sie Schaden nehmen, deshalb sollte man das vermeiden.

Mit dieser Spannung lassen sich aber keine Modelle betreiben und deshalb werden die Akkuzellen zu mehreren zusammengeschaltet. In Reihenschaltung, also wenn man den Pluspol der erste Zelle mit dem Minuspol der nächsten verbindet usw., addieren sich die Spannungen und eine Reihe von sieben Zellen hat dann eine Nennspannung von 8,4 Volt.

Diese Reihenschaltung ist nichts Besonderes, eine Autobatterie besteht beispielsweise aus sechs einzelnen Zellen (Bleiakkus) mit einer Spannung von je 2 Volt, macht zusammen dann 12 Volt, die in einem Gehäuse zusammengefasst sind.

Man kann also durchaus Einzelzellen kaufen und die Akkupacks selbst zusammenstellen, indem man die Pole der Einzelzellen wie beschrieben verbindet. Allerdings ist das nicht ganz einfach, die Leistungsflieger machen daraus sogar eine echte Wissenschaft. Als Anfänger lassen wir vielleicht besser die Finger davon und kaufen uns fertig konfektionierte Packs, die schon verlötet, in Schrumpfschlauch verpackt und verkabelt sind. Über die Steckverbinder sprechen wir später, wenn es an den Fahrtregler geht.

Nun zur Kapazität eines Akkus, d.h. seinem Inhalt. Sie wird gemessen, indem man einen konstanten Strom entnimmt und die Zeit bis zur Entladeschlussspannung von 0,8 Volt pro Zelle misst. Hier ist die Maßeinheit Amperestunden (Ah) und ein Akku mit 2,4 Ah Kapazität könnte also einen Strom von 2,4 Ampere eine Stunde lang abgeben. Diese Aussage ist nicht ganz richtig, da man die Kapazität üblicherweise bei einer zehnstündigen Entladung misst. Wer glaubt, dass das jetzt Haarspalterei ist, hat einerseits Recht, aber man muss auch bedenken, dass die Kapazität eines Akkus sinkt, wenn der Entladestrom steigt. Trotzdem erreichen moderne Zellen, die gut gepflegt sind, durchaus die genannten Werte auch bei einer Entladung mit hohem Strom. Dementsprechend kann man auch die Motorlaufzeit abschätzen, wenn man den Motorstrom kennt. Das geht über einen einfachen Dreisatz, z.B. bei einem 2,4-Ah-Akku:

| 2,4 Ampere für | 60 Minuten |
| 24 Ampere für | x Minuten |

ergibt $(2,4 \times 60) : 24 = 6$ Minuten

Logisch ist natürlich, dass die Ladezeiten für die Akkus bei steigender Kapazität auch hochgehen, schließlich müssen wir das, was wir entnommen haben, auch wieder einfüllen. Theoretisch müssten wir einen 2,4-Ah-Akku also mit einem Strom von 2,4 Ampere wieder eine Stunde oder bei einem Strom von 4,8 Ampere ca. 30 Minuten laden.

Leider haben unsere Akkus dabei allerdings leichte Verluste, sodass wir hier einen Faktor von 1,2 einrechnen sollten. Bei 4,8 Ampere Ladestrom ist unser Akku also nicht nach 30 Minuten voll, sondern tatsächlich braucht er 30 Minuten × 1,2, also etwa 36 Minuten. Ein kleinerer Akku ist bei gleichem Ladestrom schneller voll und ein Akku mit 3,0 Ah Kapazität braucht wohl an die 45 Minuten Ladezeit. Diese Ladezeiten dienen bei den heutigen modernen Ladegeräten, die automatisch erkennen, wenn der Akku voll ist, aber nur noch der Orientierung.

Das Verhältnis von Akkukapazität und Stromstärke bezeichnet man auch als C, wobei 2,4 Ampere Strom bei einer 2,4-Ah-Zelle 1 C bedeutet. Bei einer 3,0-Ah-Zelle ist 1 C also entsprechend 3,0 Ampere. Dieser Begriff ist wichtig, wenn es darum geht, die Strombelastbarkeit eines Akkus zu definieren.

Jetzt ist es wohl an der Zeit, einmal auf die beiden am weitesten verbreiteten Akkutypen für den Modellflug einzugehen.

Nickel-Cadmium-Akkus

Nickel-Cadmium Akkus (Abkürzung: NC oder NiCd) waren bis vor nicht allzu lange Zeit die einzigen, die den oben genannten Belastungen standhalten konnten und in der Lage waren, die geforderten Stromstärken abzugeben. Diese Zellen sind auch heute noch Stand der Technik, wenn man darangeht, einen Strom von über 50 Ampere durch den Motor schicken zu wollen. Das entspricht bei einer handelsüblichen 2,4-Ah-Zelle immerhin einer Belastung von 20 C, d.h. in anderen Worten, der Akku ist innerhalb von 2,5 bis 3 Minuten leer! Selbst Ströme bis zu 100 Ampere kann man diesen Zellen entnehmen und es ist kein

Problem, mit zehn oder zwölf voll geladenen Zellen ein Auto zu starten. Dazu kommt noch die Robustheit der NC-Zellen, die einem eine Tiefentladung oder eine Überladung und auch schon einmal eine leichte Überhitzung so schnell nicht übel nehmen. Außerdem sind sie auch relativ preiswert. Nur Vorteile also?

Nein, der große Nachteil ist der Memory-Effekt, unter dem die NC-Zellen besonders leiden. Außerdem ist das enthaltene Cadmium ein hochgiftiges Schwermetall, dessen Verwendung in absehbarer Zeit verboten werden soll.

Nickel-Metall-Hydrid-Akkus

Vor rund fünf Jahren sah man diese Akkus zum ersten Mal auf dem Modellbaumarkt. Damals hatten sie aber noch einen so hohen Innenwiderstand, dass man sie als Antriebsakkus nicht verwenden konnte. Als Sender- oder Empfängerakkus eigneten sie aber bereits ideal, denn sie haben neben dem Vorteil der höheren Kapazität auch noch eine deutlich geringere Anfälligkeit für den Memory-Effekt.

Seither wurde viel geforscht und heute hat eine handelsübliche Nickel-Metall-Hydrid-Zelle (Abkürzung: NiMH) des Formats Sub-C, also in derselben Größe wie eine 2,4-Ah-NC-Zelle, eine Kapazität von 3,0 Ah. Es sind sogar schon Zellen mit 3,3 Ah sichtbar. Dabei kann man den Zellen durchaus 30 Ampere Dauerstrom und kurzzeitig sogar noch höhere Ströme abfordern, ohne dass die Spannung in die Knie geht.

Dies sind also ganz eindeutig die Zellen der Zukunft, zumal sie auch keine giftigen Schwermetalle enthalten. Da wir beim Einsteigermodell sicher nicht mehr als 30 Ampere Strom durch den Motor jagen werden, sind sie für uns eine Alternative. Dagegen spricht im Moment eigentlich nur der ca. 10–15% höhere Preis im Vergleich zur NC-Zelle, aber das kompensiert die NiMH-Zelle dann locker mit höherer Kapazität und längeren Flugzeiten.

Akku-Tuning?

Am Ende dieses Abschnitts noch ein Wort zu modifizierten Akkus.

Ohne Frage gibt es leichte Qualitätsunterschiede bei den einzelnen Akkus des gleichen Typs und sogar in einem Produktionslos. Durch langwierige Auswahl der besten Zellen kann man noch das ein oder andere Prozent an Leistung und Kapazität gewinnen, wenn man nur die besten nimmt. Dieser Vorgang kostet natürlich Zeit und die Selektierer lassen sich ihre Arbeit gut bezahlen.

Ebenso kann man die Zellen vor der ersten Ladung mit einem starken Stromstoß behandeln, pushen wird dieser Vorgang genannt. Auch hiermit lässt sich noch etwas mehr Leistung finden, aber die Kosten für diese Arbeit wie auch das Selektieren kann man sich als Einsteiger ruhig sparen. Die Zusatzleistung brauchen wir am Anfang wirklich nicht und sollten stattdessen lieber einen Akku mehr kaufen. Ob es dann NC oder NiMH werden, spielt nur ein untergeordnete Rolle.

Akkupflege und Ladegeräte

Wenn wir jetzt den richtigen Akku haben, brauchen wir nur noch ein passendes Gerät zum Laden der Akkus und auch zu ihrer Pflege.

Akkupflege bedeutet natürlich nicht, dass man den Akku nach jeder Landung streicheln oder mit einem feuchten Tuch abwischen soll, aber ein gut gepflegter Akku dankt mit einer langen Lebensdauer – und da unsere Energiespender ja nicht ganz billig sind, hält das die Kosten für das Hobby niedrig.

Akkupflege

Die Pflege des Akkus beginnt gleich nach dem Kauf, denn er wird leer geliefert und muss als Erstes geladen werden. Die erste Ladung geschieht am besten mit nur geringem Strom über lange Zeit. Eine Laderate von 1/10 C, bei

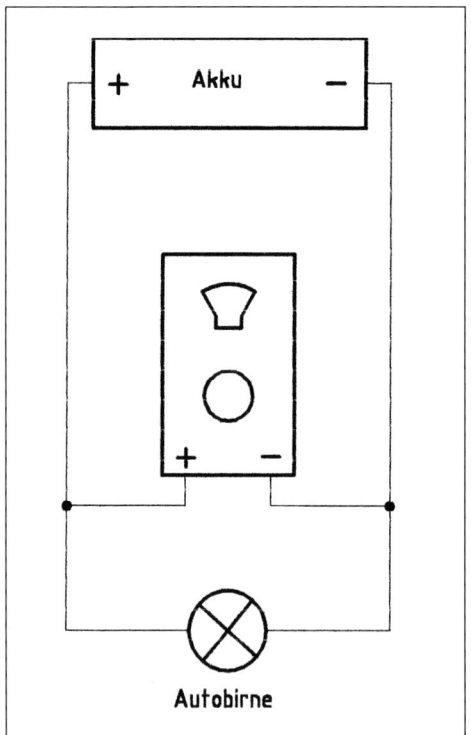

Schaltung zum Entladen der Akkus

unserem 2,4-Ah-Akku also 240 Milliampere, über 14–16 Stunden sorgt dafür, dass der Akku seine erste Energie tanken kann.

Aber auch dann sollte er nicht gleich mit vollen 20 Ampere belastet werden. Es wäre besser, den Akku noch ein oder zwei Mal mit geringem Strom, also 2–5 Ampere, z.B., indem man eine Autoglühlampe anschließt, zu entladen. Dabei darf man den Akku aber nicht so weit entladen, dass die Lampe dunkel ist, sondern sollte bei 0,8 Volt pro Zelle, also beim Siebenerpack bei 5,6 Volt, die Entladung beenden. Auch hier hilft die Elektronik eines guten Ladegerätes, da dieses eine Entladeautomatik hat, die erkennt, wenn der Akku leer ist.

Dazwischen sollte der Akku dann immer wieder langsam aufgeladen werden. Dieser Prozess der Grundformierung nimmt einige Tage in Anspruch, aber die brauchen wir ja

sowieso, um unser Modell fertig zu stellen. Danach kann dann das Schnellladen, also Laden mit einer Laderate von 2–4 C beginnen, und der Akku ist auch voll belastbar.

Weiterhin sollte man den Akku etwa alle 20 Ladezyklen einmal langsam laden, also mit 1/10 C, wobei man ihn durchaus einmal 18 oder 24 Stunden am Lader lassen kann.

Da unser Akku ja aus einzelnen Zellen besteht, werden diese nach einiger Zeit leicht unterschiedliche Ladestände haben. Das kommt von unvermeidlichen Fertigungstoleranzen. Die beschriebene Langsamladung sorgt dafür, dass auch die schwächste Zelle im Pack wieder einmal richtig voll wird und sich die unterschiedlichen Ladestände nicht so weit aufsummieren, dass der Akku Schaden nimmt.

Um den Memory-Effekt zu minimieren, ganz vermeiden lässt er sich leider nicht, sollte man die Akkus, wann immer möglich, vor dem Laden bis auf die Entladeschlussspannung von 0,8 Volt pro Zelle entladen und erst dann mit der neuen Ladung beginnen.

Auf diese Art gepflegte Akkus danken es ihrem Besitzer mit einer gleich bleibend guten Kapazität und langer Lebensdauer. Ewig halten die Zellen allerdings nie und nach zwei oder drei Jahren sind in jedem Fall neue Akkus fällig. Übrigens auch bei Nichtgebrauch!

Das Thema Akkupflege klingt vielleicht sehr kompliziert und man könnte denken, dass mehr Zeit für die Akkupflege als für das Basteln und Fliegen aufgewandt wird. Ganz so schlimm ist es glücklicherweise nicht, denn es gibt mittlerweile doch einige elektronische Helferlein, die einem diese Arbeit weitgehend abnehmen. Kommen wir also zu den benötigten Ladegeräten.

Ladegeräte
Entgegen landläufiger Meinung, dass man mit einem Schnelllader auskommt, tendiere ich zu zwei Ladegeräten, auch für den Einsteiger. Zuerst ein sehr einfaches Ladegerät für

die Betrieb am 230-Volt-Stromnetz, das ganz simpel nur mit konstantem Strom die Akkus lädt. Diese Geräte gibt es für 20–30 Euro und sie haben meistens fünf Ausgänge mit 50–500 mA Leistung. Da sie keine Abschaltelektronik aufweisen, eignen sie sich sehr gut für die Formierungsladungen der Antriebsakkus und man kann mit ihnen sehr einfach zu Hause den Senderakku laden. Wichtiger, aber auch deutlich teurer sind die Schnellladegeräte für die Antriebsakkus. Nahezu alle arbeiten mit der Delta-Peak-Abschaltung, um volle Akkus zu erkennen, und sind in der Praxis durchaus gut zu verwenden, da man außer dem Ladestrom nichts einstellen muss.

Ältere Geräte arbeiteten mit einer Temperaturerkennung, da unsere Akkus bei Überladung die zusätzliche Energie in Wärme umsetzen. Ich habe mit ihnen keine guten Erfahrungen gemacht, da man zu leicht einmal vergisst, den Temperatursensor am Akku zu befestigen. Dann lädt der Lader immer munter weiter und zerstört den Akku. Komfortablere Geräte messen zusätzlich noch den Innenwiderstand der Akkus bei der Ladung und passen den Ladestrom entsprechend an. Da kann man dann wirklich gar nichts mehr falsch machen.

Noch bessere Geräte können zusätzlich die Akkus vor dem Laden entladen und messen auch noch die entnommene und die eingeladene Kapazität. Daraus kann man dann grob schließen, wie „gesund" der Akku noch ist. Leider haben mehr Komfort und zusätzliche Möglichkeiten ihren Preis und der Lader, der alles kann, kostet dann sehr schnell 200 oder mehr Euro.

Sehr bestimmend für den Preis eines Ladegerätes ist auch die Frage, ob ein Spannungswandler eingebaut ist oder nicht. Bis zu einem siebenzelligen Akku ist dieser Wandler nicht notwendig, da 12 Volt aus der Autobatterie ausreichen, um sieben Zellen voll zu laden. Wenn man Akkus mit mehr Zellen laden will, braucht man diesen Spannungswandler und das Gerät wird teurer. Einfache Schnelllader ohne Spannungswandler, ohne Entladungsmöglichkeit und ohne Kapazitätsanzeige gibt es schon ab ca. 35 Euro, mit all diesen Features beginnt das Spiel bei ca. 120 Euro.

Ob man nun mit dem einfachen Gerät beginnt und sich ein besseres zu Weihnachten oder zum Geburtstag wünscht oder ob man gleich etwas mehr investiert, hängt vom Wollen und den eigenen Möglichkeiten ab. Früher oder später kommt man an einem größeren Gerät kaum vorbei, wenn man sich ernsthaft für Elektroflug interessiert.

So, jetzt können wir also in der Werkstatt langsam laden und auf dem Flugplatz schnell laden und vielleicht auch entladen. Aber es wäre doch auch wünschenswert, wenn man die Akku schon zu Hause schnell laden könnte, um gleich mit vollen Energiespei-

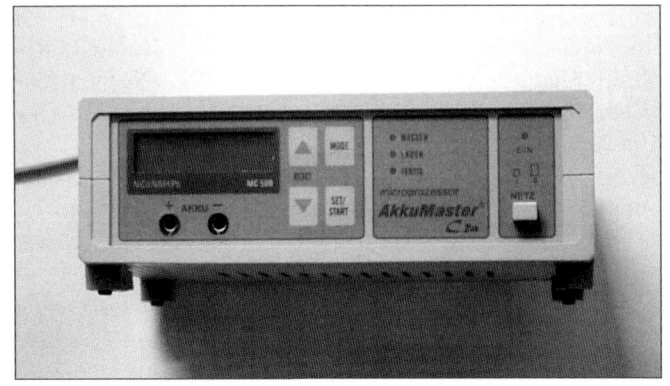

Der Akkumaster C 2 A von Conrad Electronic ist ein nahezu perfektes Gerät zur Akkupflege in der Werkstatt. Es kann die Akkus laden, entladen und pflegen und hat sogar ein Überwinterungsprogramm, damit sie auch in der Flugpause ihre Leistung behalten.

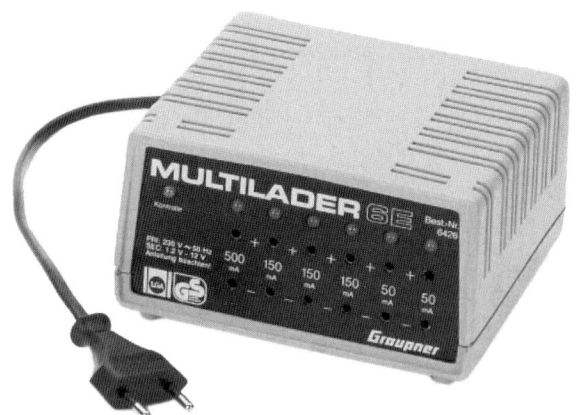

Ein einfaches Ladegerät wie dieser Multilader von Graupner gehört eigentlich in jede Bastel-stube.

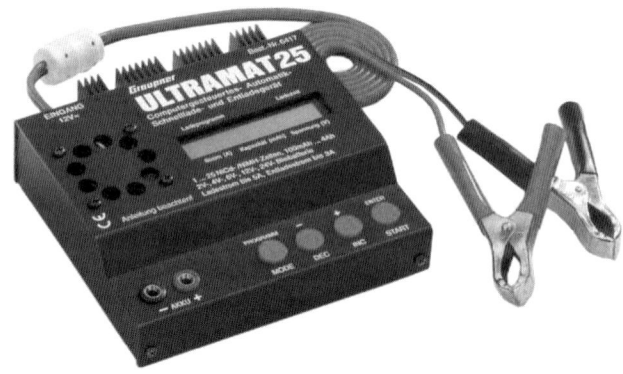

Der Ultramat 25 von Graupner ist ein einfaches Schnell-ladegerät für den Einsatz auf dem Flugplatz.

chern zum Flugplatz zu kommen. Dazu gibt es Kombigeräte, die sowohl an 230 Volt als auch an 12 Volt arbeiten und die Funktionen eines einfachen Schnelllladers haben. Aber man kann auch einen anderen Weg gehen: Für den Aufpreis, den ein Kombigerät kostet, kann man auch ein separates Netzteil mit einer stabilisierten Spannung von 13,8 Volt kaufen, an das der Schnelllader angeschlossen wird. Allerdings darf dieses Netzteil nicht schwachbrüstig ausfallen, einen Dauerstrom von 10 Ampere sollte es mindestens abgeben, 15 Ampere wäre noch besser, wenn es später einmal um größere Zellenpacks geht. Glück-licherweise geht hier der Trend weg von den alten Trafos mit einem Gewicht von 10 kg und mehr. Moderne Schaltnetzteile wiegen in dieser Leistungsklasse nur noch 2–3 kg. Neben dem Modell und der Fernsteuerung

ist das Ladegerät einer der teuersten Posten auf unsere Rechnung, aber eine Investition in einen guten Schnelllader zahlt sich aufgrund der gebotenen Pflegemöglichkeiten auf lange Sicht immer aus. Daran sollte man also nicht sparen.

Robbe Power Peak 3 Sport

Die Industrie hat in den jüngsten Vergangen-heit günstige Ladegeräte für den Einsteiger auf den Markt gebracht. Bei Robbe gibt es z.B. das Power Peak 3 Sport, das bei einem Preis von deutlich unter 100 Euro fast alles bietet, was das Herz des Einsteigers begehrt. Das Gerät kann mit einem Ladestrom von 0,1–6,5 Ampere laden und mit bis zu 3 Ampere Akkus entladen. Mit einstellbaren Ladeprogrammen wie Laden, Entladen, 1 × Entladen-Laden und

3 × Entladen-Laden kann man die normalen Anforderungen an die Akkupflege ebenfalls erfüllen und längere Zeit nicht verwendete Akkus wieder auf Trab bringen.

Das Beste ist aber der eingebaute Spannungswandler, sodass man auch zehnzellige Akkupacks laden kann. Eine Beschränkung auf sieben Zellen ist doch oft ein echtes Handikap. Mit zehn Zellen kann man auch schnelle und größere Modelle sicher bewegen. Das reicht für einige Jahre des Modellbauerlebens.

Dazu kommt noch, dass das einzeilige Display viele Informationen wie z.B. die eingeladene Kapazität oder die Ladezeit bereithält, die dem Modellbauer Aufschluss über den Zustand seines Akkus geben.

Da das Power Peak 3 Sport über eine Einstellung für Nickel-Metall-Hydrid-Zellen verfügt, ist es auch für zukünftige Aufgaben gerüstet. Ich habe hat mit dem Gerät im Laufe des reichlichen Praxisbetriebs keinerlei negative Erfahrungen gemacht. Sowohl im Keller am Netzgerät als auch unterwegs an der Autobatterie hat das Power Peak 3 Sport seine Aufgabe immer gut erledigt. Wer also mit der, kaum spürbaren, Beschränkung auf zehn Zellen und einen Ladestrom von maximal 6,5 Ampere leben kann, bekommt mit dem Power Peak 3 Sport ein zuverlässiges und preiswertes Ladegerät, das ansonsten alle Funktionen eines weitaus teureren Gerätes erfüllt. Hier ist den Konstrukteuren von Robbe ein guter Kompromiss gelungen.

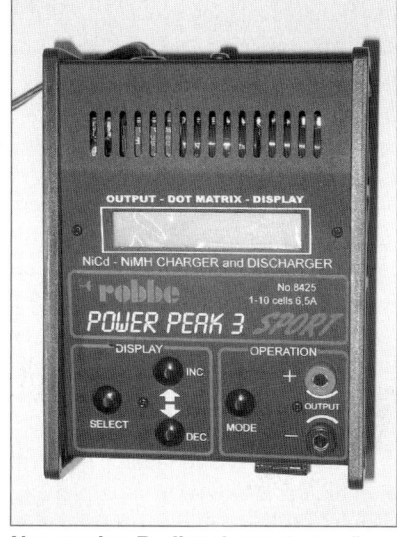

Nur wenige Bedienelemente genügen dem Power Peak 3. Durch das große Display wird der Benutzer jederzeit auf dem Laufenden gehalten.

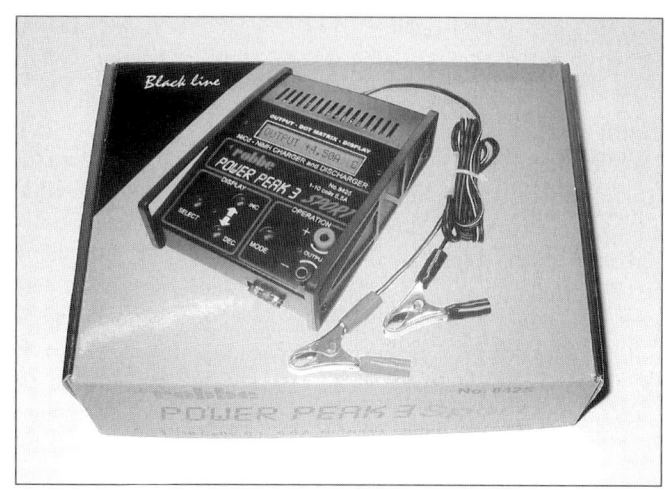

Im stabilen Karton kommt das Power Peak 3 von Robbe zum Kunden. Darin kann man es auch sicher zum Einsatz befördern.

Fernsteuerung

Kommen wir nun zur Fernsteuerung, die wir ja brauchen, um unser Modell so zu steuern, dass es heil, und in unserer Nähe, landet.

Die absolut richtige Fernsteuerung für den Elektroflugeinsteiger gibt es zwar nicht, aber der Handel hält eine große Anzahl von Fernsteuerungsanlagen, auch für den Einsteiger, parat, sodass es kein Problem ist, die richtige Kombination zusammenzustellen.

Sichtbarstes Teil der Fernsteuerung ist natürlich der Sender, mit dem der Pilot das Modell steuert, aber zu dem gesamten System gehören weitere Komponenten, die die Arbeit im Modell übernehmen. Da steht an erste Stelle der Empfänger, der, wie der Name schon sagt, die Funksignale des Senders empfängt und so aufbereitet, dass die Rudermaschinen, Servos genannt, die Signale in Bewegungen der Ruderflächen umsetzen können.

All diese Komponenten kann man im Fachhandel entweder als komplettes Set oder einzeln kaufen. Für den Einsteiger empfiehlt sich das Set, das meistens auch preiswerter als die Einzelkomponenten ist. Oft zeigt sich ein Händler auch flexibel, wenn es darum geht, z.B. den Empfänger aus dem Set gegen einen leichteren auszutauschen.

Mit den Komponenten im Modell befassen wir uns etwas später, kommen wir erst einmal zum Sender.

Sender

Der Sender steht nicht nur deshalb an erster Stelle, weil er so sichtbar ist, er ist auch das Element der Fernsteuerung, das einen Hauptteil der Kosten ausmacht, und bringt die meisten Features mit, auf die man achten sollte. Außerdem wird uns der Sender hoffentlich einige Jahre des Modellfliegerlebens begleiten, sodass es sich lohnt, etwas mehr Geld auszugeben um einen Sender zu bekommen, der die Ansprüche der nächsten Modellgenerationen erfüllt.

Sprechen wir als Erstes über die Frequenz. In Deutschland ist der Betrieb von Flugmodellen in drei Frequenzbändern erlaubt: im 35-MHz-Band (MHz = Abkürzung für Megahertz) im A- und im B-Band und im 40-MHz-Band auf den Kanälen 50–53.

Die Fernsteuerungen im 35-MHz-Band sind anmeldepflichtig. Entsprechende Formulare bekommt man zusammen mit der Anlage oder beim Fachhändler. Dafür ist dieser Bereich den Flugmodellen allein vorbehalten. Die Anlagen im 40-MHz-Bereich sind anmeldefrei, dafür darf man auf diesen Frequenzen auch Schiffs- und Automodelle betreiben. Wer sich also nicht ganz eindeutig auf den Flugmodellsport festlegen möchte, sollte eine Anlage im 40-MHz-Band wählen, die anderen bleiben zur Sicherheit im 35-MHz-Band.

Die genaue Frequenz, also der Kanal, auf dem man sein Modell steuert, wird durch den Quarz festgelegt, der in Sender und Empfänger gleich sein muss.

Um ein Flugmodell sinnvoll zu steuern, brauchen wir mindestens drei Steuerfunktionen (Höhenruder, Seitenruder, Motordrossel). Besser ist natürlich noch ein vierter Kanal für das Querruder. Erst komplexere Modelle brauchen noch weitere Funktionen für Landeklappen, Einziehfahrwerk o.Ä.

Unser Sender sollte diese vier Funktionen also mindestens haben, gut wäre es, wenn man später weitere Funktionen nachrüsten könnte

Sinnvoll ist es auch, wenn man für jede Ruderfunktion die Laufrichtung des Servos im Sender umkehren kann. Das führt jetzt aber sehr schnell in die Richtung eines Computersenders. Bei einfachen Sendern erreicht man die Servoumkehr mit kleinen Schaltern im Gehäuse, bei einem Computersender macht man das gleich über die Software, die von außen zu beeinflussen ist. Daneben kann man auch schon bei einem einfachen Computersender noch den Servoweg, also den maximalen Ausschlag, begrenzen und die Mittelstellung des Servos verändern. Das sind im Grunde

Der Sender MC 3010 von Multiplex ist bei mir schon seit mehr als zehn Jahren im Einsatz. Durch regelmäßige Wartung im Werk und Software-Updates ist er immer noch auf dem Stand der Technik, auch wenn das Gehäuse schon etwas abgegriffen erscheint.

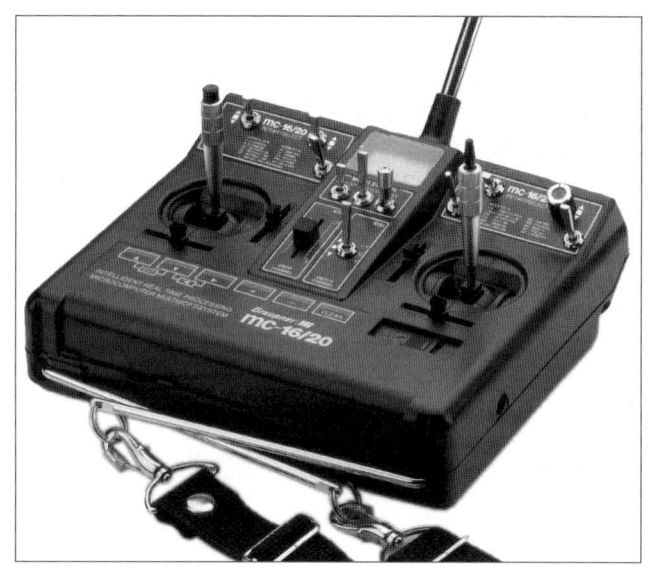

Graupners MC 16/20 ist ein echter Mittelklassesender, der mindesten 99 % der Anforderungen eines normalen Modellfliegerlebens abdeckt.

genommen reine Komfortfunktionen, die den Einbau der Fernsteuerung und die Anpassung stark vereinfachen. Ohne diese Funktionen geht es auch, aber halt etwas komplizierter.

Dazu kommt beim Computersender die Möglichkeit, verschiedene Funktionen miteinander zu vermischen. Solch einen Mischer braucht man z.B. für die Anlenkung eines V-Leitwerks, bei dem jede Ruderklappe sowohl Funktionen des Höhenruders als auch des Seitenruders übernimmt. Für manche einfache Sender gibt nachrüstbare Module, mit denen solch eine Mischung möglich ist. Diese Module sind aber so teuer, dass sie einen einfachen Sender in die Preisregionen eines Computersenders treiben. Die Preisdifferenz ist mittlerweile so gering geworden, dass man ohnehin kaum noch einen Gedanken an einen einfachen Sender verschwenden sollte. Für etwa 25–30 Euro Aufpreis bekommt man schon einen Computersender der Einsteiger-klasse, der einfache Mischerfunktionen, Servowegbegrenzung und -umpolung und weiteres bietet und dem Einsteiger gute Dienste leisten wird.

Für weitere 50 Euro mehr gibt es sogar einen Computersender der Mittelklasse mit noch umfangreicheren Mischfunktionen und Möglichkeiten, die Servos zu beeinflussen. Diese Möglichkeiten braucht der Normalflieger zwar selten, aber es lohnt sich doch, darüber nachzudenken, denn da ist noch der Aspekt der Speicherplätze. Die Anpassung des Computersenders an das Modell, die Programmierung, mit allen Einstellungen für Servoweg, Servorichtung, eventuelle Mischer und alles andere braucht schon seine Zeit und es wäre doch schade, wenn man das jedes Mal, wenn man das Modell wechselt, neu machen müsste. Daher gibt es bei den Computersendern so genannte Modellspeicher, die man nur in der Software wechselt und schon hat man die Einstellungen für das andere Modell wieder zur Hand.

Am Anfang eines Modellfliegerlebens mag die Anzahl der Modellspeicher vielleicht nicht so wichtig sein, man hat ja erst einmal nur ein Modell, aber später bekommt dieser Punkt sicher einige Bedeutung.

Nachstehend einige Sender für Einsteiger, wobei die Auswahl keinen Anspruch auf Vollständigkeit erhebt.

Neben den hier genannten Sendern gibt es natürlich eine Vielzahl von weiteren Modellen anderer Hersteller und Vertreiber. Und außerdem die Oberklasse der Sender, die mit einer fast endlosen Anzahl von Möglichkeiten aufwarten, aber die nutzen wirklich nur die Cracks und der Anfänger wird davon schnell verwirrt. Außerdem haben diese Sender einen recht stolzen Preis.

So kann die Empfehlung eigentlich nur lauten, sich für einen kleinen Computersender zu entscheiden, wenn der Sender neu angeschafft werden muss.

Auf zwei Sender, die ich schon seit längerem selbst betreibe, sei an dieser Stelle einmal konkret eingegangen.

Graupner X-412

Hierbei handelt es sich um einen kleinen Handsender von Graupner, der sich ganz bewusst an den Einsteiger wendet, denn er ist, trotz aller Features, das preisgünstigste Angebot aus dem Hause Graupner, aber auch der letzte verbliebene Nichtcomputersender in dem breiten Programm.

Als reiner Handsender ist er äußerst kompakt und passt auch in die Hände eines Kindes oder eines Jugendlichen. Er hat schon sechs fertig eingebaute Senderfunktionen, während man bei den meisten Computersendern der Einsteigerklasse nur vier Funktionen hat.

Hersteller	Name	Funktionen	Modellspeicher
Graupner Computersender	X-412	6	kein
	MC 10	4 erweiterbar	2
	MC 12	4 erweiterbar	9
	MC 14	4 erweiterbar	2
	MC 15	4 erweiterbar	6
	MC 16/20	4 erweiterbar	20
Multiplex	Pico Line	4	1
	Cockpit MM	4 erweiterbar	9
Robbe Futaba	FX 18	4 erweiterbar	10

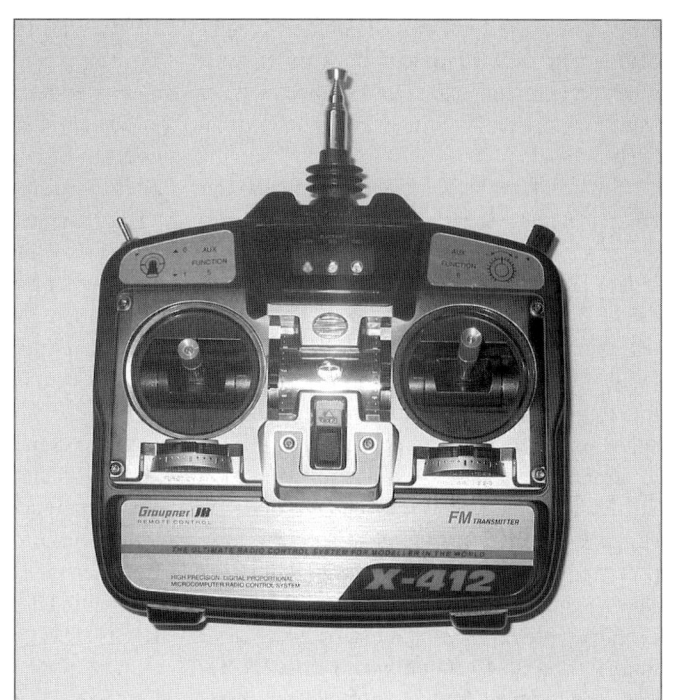

Der Einsteigersender X-412 von Graupner reicht zunächst völlig aus und viele Modellflieger benutzen ihn später als Zweitsender für die einfachen Modelle. Als echter Handsender ist er auch für kleinere Hände gut geeignet.

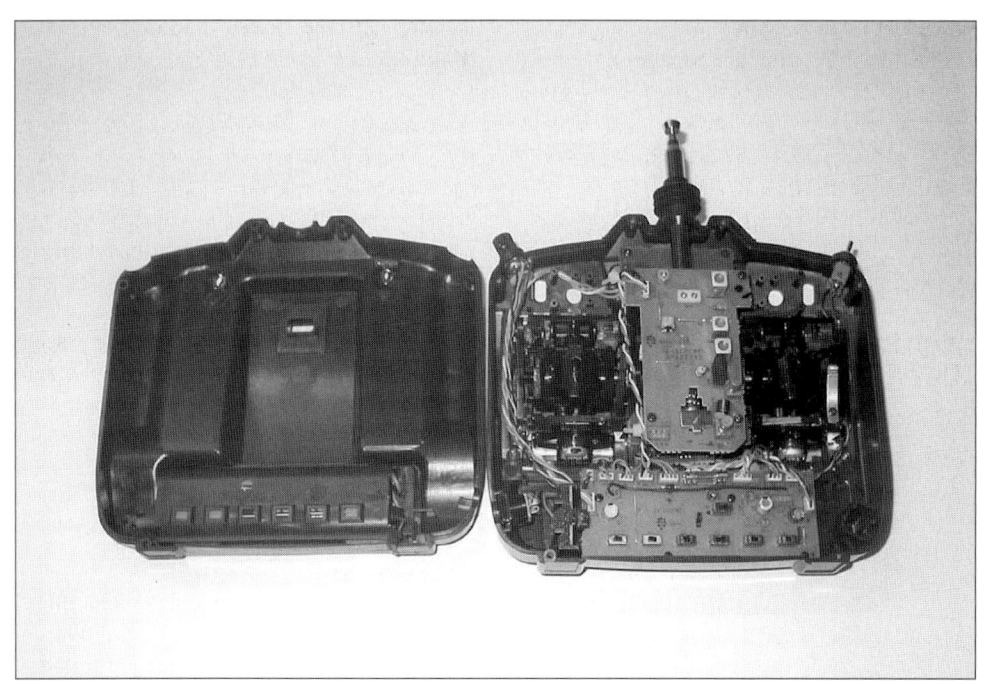

X-412 von innen. Zu erkennen sind die kleinen Schalter für die Servoumpolung und den V-Leitwerksmischer.

Das ist schon einmal ein deutlicher Vorteil. Neben den zwei Kreuzknüppeln hat er noch einen Drehregler und einen Schalter an der Vorderseite, die, so angeordnet, auch gut zu bedienen sind.

Sehr einfach ist dagegen die Anzeige der Akkuspannung über drei LEDs, aber im Prinzip ist das ausreichend und im Flug schnell mit einem Seitenblick auf den Sender zu prüfen.

Ebenfalls wichtig ist der eingebaute Mischer für ein V-Leitwerk, da oft auch einfache Modelle ein solches Leitwerk haben und dann wird's mit vielen anderen Sendern schon eng.

Außerdem gibt es als Komfortfunktion die Möglichkeit, die Laufrichtung der vier Hauptfunktionen mit einem Schalter umzupolen. Eigentlich auch eine Kleinigkeit, aber sie erleichtert den Einbau der Fernsteuerung doch wesentlich. Die Schalter für den Mischer und die Umpolung hat Graupner in das Batteriefach eingebaut. So kann man sie betätigen, ohne den Sender komplett zu öffnen, während versehentliches Schalten ausgeschlossen ist. Gut so! Im Set wird der Sender X-412 mit einem Empfänger R 600 und einem Standardservo C 507 geliefert. Der Empfänger hat eine volle Reichweite und ist angenehm klein und leicht. Den kann man sogar bedenkenlos in einen Slow-Flyer bauen. Das Servo dürfte allen Ansprüchen eines Anfängers genügen. Lediglich die Batteriebox mit Schalter ist mit Skepsis zu betrachten, denn darin liegt ein eventueller Empfängerakku nicht besonders sicher. Da die meisten Elektroflugmodelle für Einsteiger allerdings die Empfangsanlage mit aus dem Flugakku versorgen, ist das kein großer Nachteil. Nachteilig ist da schon eher, dass der Sender nicht als Schülersender für andere Graupner-Anlagen zu verwenden ist. Somit scheidet sie für einen geplanten Lehrer-Schüler-Betrieb komplett aus. Das X-412-Set ist trotzdem eine durchaus für den Einsteiger geeignete Fernsteueranlage, mit der sich auch komplexere Modelle betreiben lassen.

Multiplex Cockpit MM
Dies ist der einfachste Computersender von Multiplex, der aber bereits einige sehr interes-

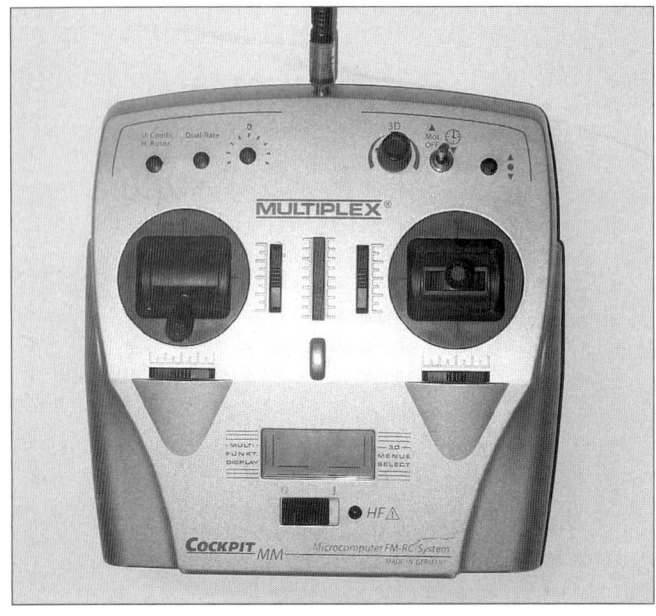

Cockpit MM von Multiplex ist eine sehr handliche Computeranlage für den Einsteiger mit immerhin neun Speicherplätzen.

sante Features hat, die selbst größeren Anlagen fehlen und ihn damit zu einem durchaus zukunftssicheren System machen. Als Vario-Set hat er leider nur vier Senderkanäle, kann aber auf sieben Kanäle ausgebaut werden. Mit den neun Modellspeichern ist der Einsteiger erst einmal einige Zeit ausgelastet und die Bedienung des Speichers, ebenso wie der anderen Funktionen, ist relativ einfach, wenn man sich erst einmal richtig eingearbeitet hat.

Die Einstellmöglichkeiten bei Servoweg, Servorichtung, Mittelstellung und auch die Möglichkeiten, einzelne Funktionen miteinander zu mischen, sind mehr als ausreichend und genügen selbst gehobenen Ansprüchen.

Ein besonderes Sahnestück ist die elektronische Speicherung der Trimmwege, die bei einem Speicherwechsel immer dafür sorgt, dass die Trimmwerte für das jeweilige Modell automatisch eingestellt werden.

Außerdem ist die Cockpit MM schon werksseitig als Lehrer- und Schülersender in Zusammenarbeit mit anderen Multiplex-Sendern geeignet. Für den Einsteiger ein wichtiges Argument.

Manch ein routinierter Modellflieger hat sich diesen Sender in der Zwischenzeit als Zweitsender zugelegt und wundert sich, ebenso wie ich selbst, warum der vermeintlich bessere Sender mittlerweile so oft zu Hause bleibt.

Vorhandenes nutzen

Wenn schon ein geeigneter Sender vorhanden ist, sollte man erst einmal damit beginnen und erst später in einen Computersender investieren. Auf lange Sicht geht aber wohl kein Weg daran vorbei.

Das Fabrikat der Fernsteuerung ist im Grunde genommen nicht wichtig, denn die Unterschiede in der Programmierung und in der Qualität sind, zumindest bei den großen Marken, wirklich nur marginal. Trotzdem gibt es einen Punkt, auf den es zu achten gilt. Wenn man das Modellfliegen in einem Verein lernen

möchte, sollte man sich vor dem Anlagenkauf mit den Mitgliedern in Verbindung setzen. Oft gibt es die Möglichkeit, das Fliegen mithilfe eines Lehrer-Schüler-Kabels zu lernen. Dann müssen allerdings der Sender des Lehrer und der des Schülers von einem Fabrikat sein und sich auch sonst entsprechen. Das ist vorher ebenso zu klären wie die Frequenzverteilung im Verein. Gerade in den kleinen Vereinen ist es häufig so, dass es noch Kanäle gibt, die kaum oder gar nicht genutzt werden. Solch einen Kanal sollte man wählen, es wäre doch schade, wenn bestes Schulungswetter herrscht, aber ein anderer Pilot den Kanal den ganzen Nachmittag besetzt hält, weil die Thermik so schön trägt.

Außerdem ist es bei der Verwendung vorhandener Komponenten wichtig, darauf zu achten, dass diese gut in Schuss sind. Der Flugmodellsport stellt doch größere Anforderungen an die Qualität und Betriebssicherheit einer Fernsteuerung als andere Sparten. Wenn die Fernsteuerung des Modellautos versagt, ist das oft nicht so schlimm wie beim Flugzeug, bei dem ein Versagen meistens einen Absturz und damit schwere Schäden am Modell nach sich zieht. Ganz zu schweigen von der Gefährdung, die von einem außer Kontrolle geratenen Flugmodell ausgeht.

Deshalb sollte man einen alten, ererbten Sender genau prüfen, bevor man ihn für die Steuerung eines Flugmodells einsetzt.

Empfänger

Nachdem wir nun wissen, welchen Sender wir brauchen, geht es an den Empfänger, aber hier ist die Entscheidung viel einfacher. Zum einen gibt es gar nicht so viele Auswahlkriterien, zum anderen sind die Empfänger nicht ganz so teuer und früher oder später wird man sowieso mehr als einen haben, weil man das Wechseln von einem Modell zum nächsten leid ist. Außerdem wird der erste Empfänger schon mit dem Fernsteuerungsset mitgeliefert, da ist dem Käufer die Entscheidung schon

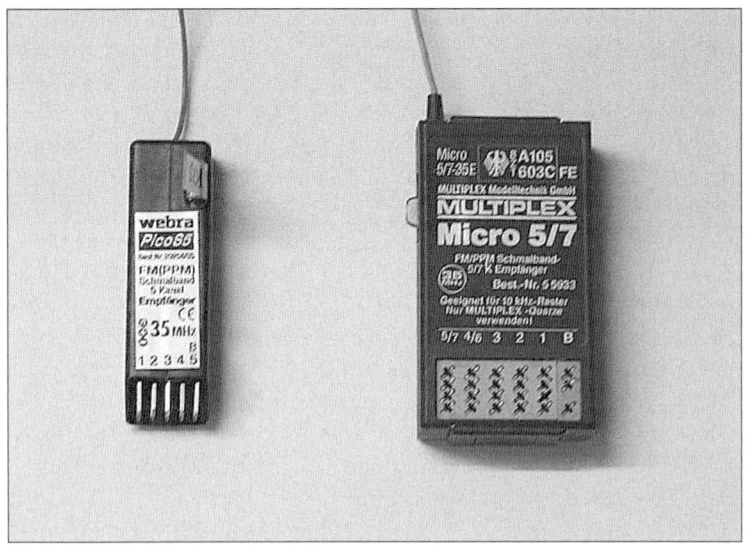

Zwei Empfänger im Vergleich. Links der kleine Pico S 5 von Webra mit einer reduzierten Reichweite von ca. 500 m. Das reicht für einen Park-Flyer allemal. Rechts der Micro 5/7 von Multiplex mit voller Reichweite, aber auch etwas größer und schwerer.

Der Empfänger R 700 von Graupner hat trotz voller Reichweite angenehm kleine Abmessungen und ist auch für einen Park-Flyer nicht zu schwer. Dieses Exemplar stammt aus dem X-412-Set.

abgenommen. Die in den Sets enthaltenen Empfänger entsprechen in aller Regel durchaus den Anforderungen, die der Einsteiger stellen könnte. Lediglich wenn man mit einem Park-Flyer beginnen möchte, sollte man sich den Empfänger aus dem Set einmal kritisch ansehen und, wichtiger noch, das Gewicht prüfen. Wiegt er über 20 g, sollte man mit dem Händler reden, ob er den Empfänger nicht gegen einen leichteren austauscht. Oft gibt es

dafür noch nicht einmal einen Aufpreis. Natürlich muss der Empfänger mit dem gleichen Frequenzband wie der Sender arbeiten und der Quarz muss den gleichen Kanal wie der Sender haben, aber das ist ja logisch.

Das offensichtlichste Unterscheidungsmerkmal bei den Empfängern ist die Anzahl der Ausgänge, an die man Rudermaschinen oder Drehzahlsteller anschließen kann. Wie oben schon erwähnt, kommen wir bei einem

Anfängermodell mit drei Funktionen aus, aber die meisten Empfänger haben vier oder fünf Ausgänge, sodass es hier nicht zu Problemen kommt. Im Sinne der Zukunftssicherheit sind mindestens fünf Ausgänge anzustreben, das reicht dann auch für komplexere Modelle, die über alle Achsen gesteuert werden.

Wenn wir nur Park-Flyer fliegen wollen, ist es auch möglich, einen Empfänger mit eingeschränkter Reichweite zu verwenden. Diese Empfänger sind oft leichter als diejenigen mit voller Reichweite und auch billiger. Dafür erreichen sie bei 300 m Distanz oft schon ihr Maximum, während andere Empfänger durchaus für eine Reichweite von 1.000 m gut sind. Weil die Gewichtsdifferenz jedoch nicht gar so groß ist, sollte man sich doch besser erst einmal für einen normalen Empfänger entscheiden.

Außerdem bietet die Industrie noch Empfänger an, die sich durch besondere Trennschärfe und Empfangssicherheit auszeichnen. Ein Doppelsuper-Empfänger z.B. beinhaltet im Prinzip zwei Empfängerstufen in einem Gehäuse, die ihre empfangenen Daten miteinander vergleichen und so möglicherweise fehlerhafte Signale eliminieren können.

Bei der Pulse-Code-Modulation (PCM) werden die Signale schon vom Sender besonders verschlüsselt und der Empfänger decodiert sie und erkennt, ob das empfangene Signal so richtig ist. Damit kann eine noch höhere Störsicherheit erreicht werden.

Wenn es in einem einfachen Elektroflugmodell zu Störungen kommt, liegt das aber selten am Empfänger, sondern meistens an einem nicht korrekten Einbau der Komponenten im Modell oder an einer unzureichenden Entstörung des Elektromotors. Ich fliege seit über 25 Jahren nur einfache Empfänger in meinen Modellen und bin daher der Meinung, dass die aufwendigen Doppelsuper- oder PCM-Empfänger für ein Anfängermodell zunächst nicht notwendig sind.

Vor einem Materialmix von Sender, Empfänger und Servo muss man mittlerweile auch keine Angst mehr haben. Man kann also beispielsweise getrost einen Multiplex-Empfänger zusammen mit einem Graupner-Sender betreiben. Lediglich bei den Quarzen sollte man genauer sein und den Empfänger nur mit Quarzen derselben Firma betreiben. Gleiches gilt natürlich auch für den Sender.

Reichweitentest

Allerdings gelten auch beim Empfänger die oben geschriebenen Zeilen in Sachen Sicherheit und Qualität. Deshalb sollte man alte Komponenten vor dem Einbau ins Modell schon einmal kritisch prüfen, um nachher nicht doppelte Arbeit zu haben.

Ein Reichweitentest am Boden ist da ein probates Mittel. Dazu baut man einmal auf einem Brett eine funktionsfähige Empfangsanlage mit Empfänger, Stromversorgung und Servos auf und entfernt sich dann mit dem Sender, bei dem die Antenne zwar montiert, aber vollständig eingeschoben ist. Ohne äußere Einflüsse sollte die Anlage ohne zuckende Servos noch eine Strecke von 80–100 m überwinden. Besser noch, wenn man dazu auch den Elektromotor verkabelt hat. Dann sollten die Servos selbst bei laufendem Motor noch stillstehen. Wenn der Test fehlschlägt, müssen noch einmal alle Komponenten, besonders die Antennen, geprüft werden. Wenn bei stehendem Motor alles in Ordnung ist, aber bei laufendem Motor die Servos verrückt spielen, muss man die Entstörung des Motors prüfen.

Dieser Test muss unbedingt wiederholt werden, wenn das Modell für den Erstflug startbereit ist. Aber dazu kommen wir dann noch bei den Startvorbereitungen.

Servos

Nachdem nun der richtige Empfänger die Signale des Senders aufnimmt, brauchen wir noch Geräte, die dafür sorgen, dass sich die Ruder des Modells bewegen. Dafür sind die Ruder-

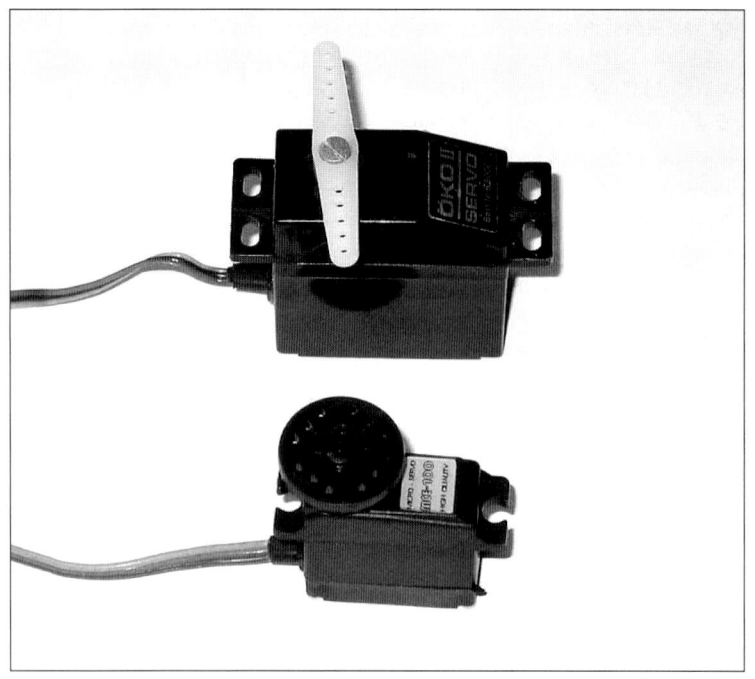

Die Unterschiede sind schon deutlich. Oben ein Standardservo Multiplex Öko II mit 42 g und unten ein 17-g-Servo der Firma MCE. Bei zwei Servos im Modell macht der Unterschied etwa 50 g aus, also das Gewicht einer Akkuzelle.

maschinen, auch Servos genannt, zuständig. Über einen Drehhebel auf der Oberseite werden die elektrischen Signale in eine Bewegung umgesetzt und über eine mechanische Verbindung an die Ruder weitergeleitet.

Im Inneren des Servos tun eine kleine Elektronik und ein Elektromotor ihren Dienst. Auch dieser Motor würde im Normalfall den Ruderarm nur schnell drehen, was uns nicht hilft. Deswegen gibt es im Servo ein mehrstufiges Getriebe, das dafür sorgt, dass sich der Servoarm nur ca. 45 Grad in jede Richtung bewegt. Außerdem verstärkt das Getriebe natürlich die Kraft des kleinen Elektromotors. Dabei kommen ganz erstaunliche Werte zutage: Ein gutes Servo der Standardgröße kann ein Gewicht von 2–3 kg locker an einem Hebelarm von 1 cm Länge hochziehen. Mit der Hand hält man das nicht mehr auf.

Damit kommen wir zu den technischen Daten, die bei einem Servo eine Rolle spielen. Da ist natürlich zum einen die Größe wichtig, denn es soll ja noch in der Rumpf passen.

Zusammen mit einem Fernsteuerungsset bekommt man meistens ein Standardservo mit einer Größe von ca. 40 mm Länge, 19 mm Breite und ca. 40 mm Höhe geliefert. Es wiegt dann im Falle eines Graupner C 577 42 g und zieht sogar 3,5 kg. Das reicht für unsere Anwendungen locker aus und die 42 g passen auch noch in den Rahmen, wenn das ganze Modell 1.200–1.500 g wiegt. Es geht natürlich auch leichter. Für einen Park-Flyer wären zwei Servos à 42 g schon gewaltig, besonders wenn das Modell nur 350 oder 400 g wiegen soll. Dafür gibt es dann die Leichtgewichte mit nur ca. 6 g, die aber auch nur 0,7 kg ziehen.

Dazwischen findet man hinsichtlich Gewicht, Größe und Kraft noch viele Abstufungen und es lohnt sich auch bei normalgroßen Modellen durchaus, über leichtere Servos mit ausreichend Kraft nachzudenken.

Wenn man die beiden Standardservos mit je 42 g durch solche mit nur 18 g, z.B. ein FS 500 von Robbe, ersetzt, haben wir ca. 48 g

Gewicht gespart. Das ist das Gewicht einer zusätzlichen Akkuzelle, die die Flugleistungen durchaus verbessern kann. Dieses Servo zieht zwar nur noch ca. 2 kg, aber das reicht für ein 1,5-kg-Modell locker aus.

Besonders präzise und langlebig sind Servos, wenn das Getriebe aus Metall ist und oben im Gehäuse die Abtriebsachse in einem Kugellager geführt wird, aber leider hat das gravierende Auswirkungen auf den Preis. Diese Optionen sollten wir uns also für spätere Modelle, bei denen so etwas nötig ist, aufheben und erst einmal mit den Standardservos leben.

Drehzahlsteller

Die Schnittstelle zwischen Fernsteuerung und Antrieb ist der Drehzahlsteller, oft auch Fahrtregler genannt, der dafür sorgt, dass der Motor nur dann anläuft bzw. sich schneller oder langsamer dreht, wenn der Knüppel am Sender in der entsprechenden Stellung steht.

Auch bei den Fahrtreglern, bleiben wir einfach einmal bei diesem Ausdruck, gibt es natürlich große Unterschiede, allein schon weil sie sehr unterschiedliche Leistungsdaten für die verschiedenen Motoren aufweisen. Für einen kleinen Speed 280 im Park-Flyer, der nur einen Strom von 2–3 Ampere zieht, reicht ein Regler mit einem Maximalstrom von 5 Ampere, der Speed 400 braucht eher einen Regler für 15–20 Ampere und für einen Speed oder Power 600 sollte der Regler schon 30–35 Ampere Maximalstrom vertragen. Noch stärkere Cobalt-Samarium-Motoren brauchen gar Regler mit 50 oder noch mehr Ampere Maximalstrom. Kommen wir also einmal zu den technischen Daten. Über den maximalen Motorstrom, den der Regler verträgt, haben wir schon gesprochen. Die Hersteller geben da oft einen Dauerstrom und einen maximalen Kurzzeitstrom an. Den wollen wir gleich ignorieren und uns am Dauerstrom orientieren, der immer ca. 30–50 % über dem liegen sollte, was unser Motor wirklich aufnimmt. Dann sind wir in jedem Fall auf der sicheren Seite und der Regler übersteht auch mal eine längere Phase mit Halbgas. Das Nächste ist die Zellenzahl, die der Regler verträgt. Die meisten Regler brauchen mindestens sechs Zellen, damit sie ordentlich funktionieren.

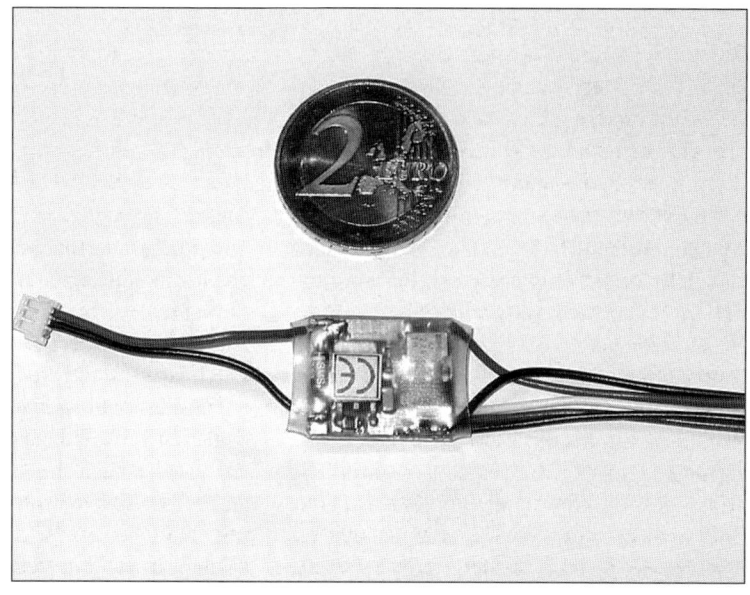

Ein besonders leichter Drehzahlsteller für Slow-Flyer, der mit Kabeln kaum mehr als 5 g wiegt. Dafür darf man ihn aber höchstens mit 5 Ampere belasten.

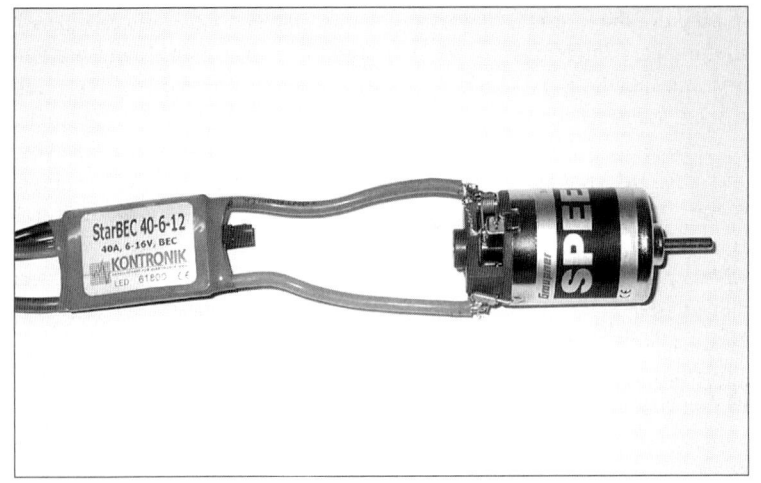

Eine starke Kombination für schnelle Modelle wie die Gee Bee: Der StarBEC 40-6-12 von Konronic kann Ströme bis 40 Ampere verkraften und ist doch immer noch sehr klein

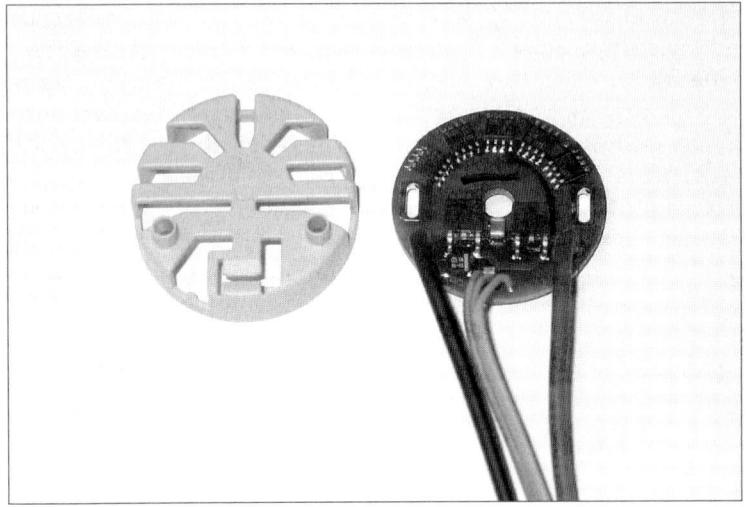

Noch ohne Motor. Der Regler Rondo 600 von Kontronik wartet darauf, auf den Speed 600 ECO des Pedro gelötet zu werden. Links ist das Schutzgehäuse für den Regler mit großen Lüftungsschlitzen.

Die maximale Spannung ergibt sich dann aus den technischen Daten des Reglers und kann bis zu 30 Zellen reichen. Wenn wir aber nur sieben Zellen benutzen, reicht es, wenn der Regler zehn oder zwölf Zellen verträgt.

Abmessungen und Gewicht der Regler sind in den seltensten Fällen wichtig, da die Regler durch moderne SMD-Bauweise so klein und leicht sind, dass die Unterbringung im Modell wirklich kein Problem mehr ist. Entscheidender sind die weiteren technischen Features der meisten Regler. Da ist als Erstes

das BEC zu nennen. BEC steht für Battery Eleminator Circuit und bedeutet die Versorgung der Empfangsanlage aus dem Antriebsakku. So sparen wir das Gewicht eines separaten Akkus für die Empfangsanlage. Regler mit BEC haben in der Regel eine maximale Zellenzahl von zehn oder zwölf Zellen, da bei größeren Akkus das BEC überlastet würde. Man sollte auch nicht mehr als vier Servos an einem BEC betreiben, da es sonst ebenfalls bei Überlastung aussteigen könnte. Außerdem haben die meisten BEC-Regler eine

Unterspannungsabschaltung, die dafür sorgt, dass bei einer gewissen Spannung der Motor keinen Strom mehr bekommt. Der Flugakku hat dann immer noch mehr als ausreichend Restkapazität, um die Empfangsanlage auch längere Zeit zu versorgen. Viele Elektroflieger fliegen ihre Modelle so lange, bis der Regler abschaltet. Dann hat man die Gewähr, dass der Akku fast bis zur korrekten Entladeschlussspannung entladen wurde.

Das nächste Feature ist die Bremse. Klingt jetzt komisch, aber wir brauchen die Bremse sogar. Bei Motor-Aus schließt die Bremse im Regler die beiden Anschlüsse des Motors kurz und er hat einen sehr hohen Drehwiderstand. Der Propeller bleibt also stehen und dreht sich nicht im Fahrtwind. Bei Motormodellen sorgt das für einen geringeren Widerstand als ein mitdrehender Propeller, bei Klappluftschrauben braucht man die Bremse sogar unbedingt, denn nur bei Stillstand des Propellers können sich seine Blätter an den Rumpf anlegen.

Gute Regler haben auch einen Anlaufschutz, der dafür sorgt, dass der Motor so lange keinen Strom bekommt, wie der Empfänger nicht einmal das korrekte Signal für Motor-Aus an den Regler gegeben hat. Klingt überflüssig, ist aber ein wichtiges Sicherheitsmerkmal für den Piloten. Leicht übersieht man beim Einschalten, dass der Motorknüppel noch auf Vollgas steht, und wenn man dann das Modell einschaltet, läuft der Motor sofort hoch. Im einfachsten Fall kann man jetzt reagieren und den Motor ausschalten, aber eine schnell drehende Luftschraube ist sehr gefährlich und kann böse Schnittverletzungen hervorrufen. Selbst die Kraft eines kleinen Elektromotors sollte man da nicht unterschätzen. Zum Abschluss noch ein Wort zur Bauform des Reglers. Die meisten Regler haben einen rechteckigen Grundriss und sind in Schrumpfschlauch eingepackt, aber in den letzten Jahren kamen, gerade für die einfachen Motoren, auch kleine, runde Regler in Mode, die man gleich auf die Motoren auflöten kann. Die Speed-Plus-Motoren von Graupner werden sogar komplett mit aufgelötetem Regler geliefert. Bei Modellen, bei denen der Akku bei einem Absturz aus dem Flugzeug geschleudert werden kann, ist das eine sehr gute Idee und schafft Platz und Ordnung im Modell. Wenn das aber nicht der Fall ist, sollte man von diesen Reglern Abstand nehmen, denn es wäre schade, wenn der Akku beim Absturz als Erstes den Regler zwischen sich und dem Motor zerquetscht.

Wenn wir an dieser Stelle nur noch von Reglern sprechen, dann aus gutem Grund: Noch vor wenigen Jahren gab es auch Relaisschalter oder Sanftanlaufschalter, die den Motor zwar ein- und ausschalten konnten, aber die Geschwindigkeit nicht beeinflussten. Mittlerweile ist die Elektronik der Regler jedoch so billig geworden, dass es keinen Preisvorteil für Schalter mehr gibt und sie sind deshalb quasi vom Markt verschwunden. Ganz grob kann man folgende Tabelle aufstellen, um den richtigen Fahrtregler zu finden:

Modelltyp	Motorgröße	Zellenzahl	Maximalstrom	Reglergewicht
kleiner Park-Flyer	Speed 280	6–8	5 A	5–10 g
großer Park-Flyer	Speed 300 /400	6–10	12 A	15–20 g
Softline-Segler	Speed 600	6–10	30 A	30–40 g
einfaches Motormodell	Speed 600	6–10	25 A	30–40 g
Hotline-Segler	Cobalt-Samarium	8–12	50 A	30–50 g
großes Motormodell	Cobalt-Samarium	10–30	50 A	40–60 g

Werkstattausstattung

Ein Vorteil eines ARF-Modells, über den wir noch gar nicht gesprochen haben, ist die Tatsache, dass man für die komplette Montage des Modells so gut wie keinen Bastelraum braucht. Wenn wir aus einem Stapel Balsaholz und einigen Kiefernleisten oder auch aus einem Bausatz ein Flugmodell bauen, brauchen wir doch über längere Zeit einiges an Platz, und Staub verursacht es auch. Wer das dann einmal abends im Wohnzimmer beim Tatort-Krimi versucht, hat ganz schnell Ärger mit der Hausfrau, und das wohl auch zu Recht. Ein ARF-Modell dagegen verursacht keinerlei Dreck und die Montage am Esszimmertisch sollte wirklich kein Problem darstellen. Die einzelnen Bauschritte sind schnell erledigt und können ohne weiteres für die Mahlzeiten unterbrochen werden.

Man benötigt für den Bau eines ARF-Modells nur wenige Werkzeuge, die normalerweise im Haushalt vorhanden sind, und zwar:

• 1 kleiner Schlitzschraubendreher
• 1 mittlerer Schlitzschraubendreher
• 1 kleiner Kreuzschlitzschraubendreher
• 1 mittlerer Kreuzschlitzschraubendreher
• 1 Spitzzange mit Seitenschneider
• 1 Bastelmesser mit Abbrechklingen
• 1 Schlüsselfeile
• 1 Laubsäge oder Puk-Säge
• 1 Maßband oder Zollstock
• Lötkolben 30 Watt

Mit diesen einfachen Werkzeugen kommt man zurecht und kann ein gut vorbereitetes ARF-Modell problemlos zusammenbauen. Das meiste davon findet sich sowieso in der Werkzeugkiste und man kann sofort loslegen. Um lose Stellen der Bespannung wieder zu befestigen und eventuell eingefallene Bespannung wieder zu straffen, kann man sich das Bügeleisen ausleihen. Ich versichere Ihnen, es nimmt keinen Schaden und verschmutzt auch nicht die nächste Wäsche. Aber viel-leicht kauft man bei der Gelegenheit ja ein neues Bügeleisen und nimmt das alte dann nur fürs Hobby. Noch besser ist es, wenn man einige weitere Werkzeuge und Hilfsmittel zur Hand hat, aber man braucht sie wirklich nicht für das erste Modell, sondern kann etwas abwarten – der nächste Geburtstag und Weihnachten kommen ja bestimmt. Die Liste der nützlichen Dinge für einen Elektroflieger ist natürlich endlos, behauptet meine Frau jedenfalls, trotzdem hier einige Vorschläge, wobei deren Reihenfolge keine Wertung darstellt:

• 1 Akkuschrauber mit Bohrfutter
• 1 Vielfachmessgerät
  für Spannung und Strom
• 1 guter Seitenschneider
• 1 stärkerer Lötkolben 70–100 Watt
• 1 Haushaltswaage mit bis zu 5 kg
  Belastbarkeit, wenn möglich sogar digital
• 1 Tischlerplatte ca. 120×30 cm,
  mindestens 19 mm stark als Baubrett
• 1 Stahllineal, mindestens 500 mm lang
• 1 elektrische Minibohrmaschine
  (Dremel o.Ä.) mit Zubehör.
• 1 Laubsäge oder elektrische Dekupiersäge
• 1 stabilisiertes Netzgerät mit einer
  Ausgangsspannung von 13,5 Volt und
  einer maximalen Leistung von mindestens
  10 Ampere Dauerstrom
• 1 Klappstuhl für den Flugplatz

All dies sind keine besonders teuren Artikel, die oft in das Geburtstagbudget passen und so lange hat die Anschaffung auch reichlich Zeit. Nach und nach wird jeder für sich erkennen, was er noch braucht oder als praktisch ansieht, und, das kann ich jedem versichern, die Werbung tut ein Übriges, um immer neue Wünsche zu wecken. Zur Werkstattausstattung gehört ferner ein guter Bestand an Klebstoffen, einerseits zur Montage des Modells, aber auch für eventuell notwendige Reparaturen.

Sekundenkleber

Diese relativ neuen Kleber haben in den vergangenen Jahren den Modellbau deutlich um-

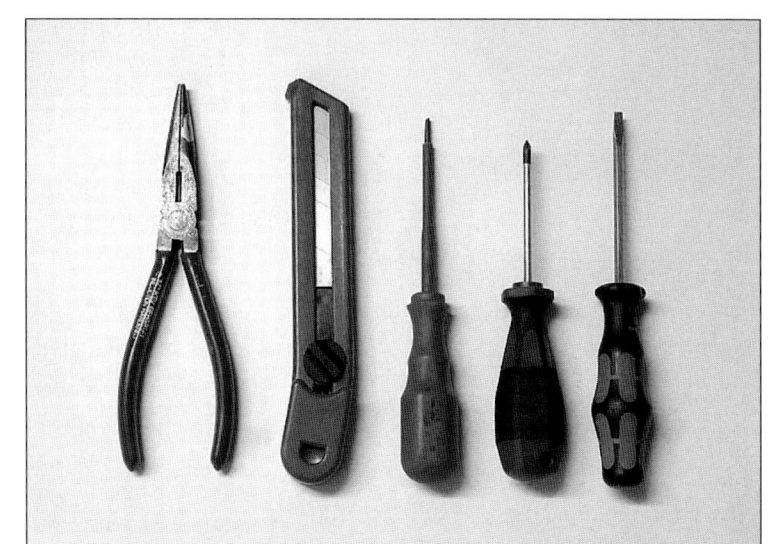

Nur wenige Werkzeuge, die man in vielen Haushalten sowieso findet, braucht man, um den Pedro flugbereit zu machen.

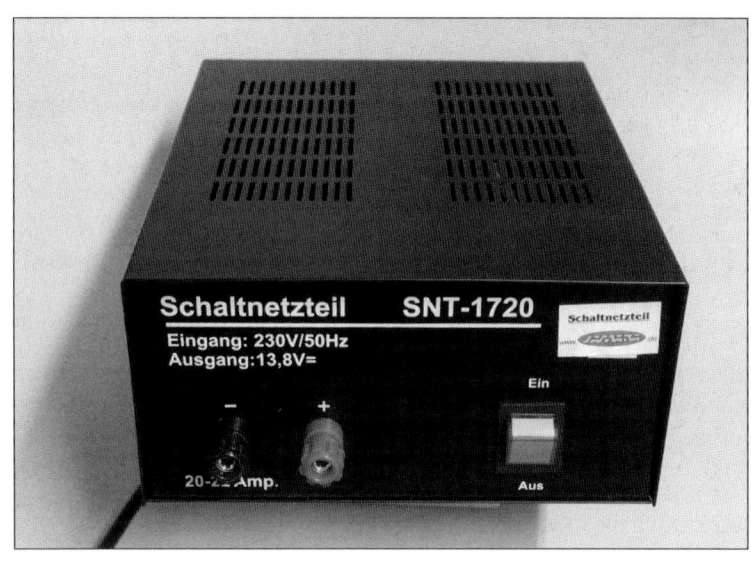

Ein Netzteil entsprechender Stärke macht aus dem mobilen Lader Power Peak 3 auch eine Akkupflegestation für die Werkstatt. So kommt man immer mit voll geladenen Akkus auf den Flugplatz.

gekrempelt. Musste man früher die zu verklebenden Teile erst lange mit Nadeln oder Klammern fixieren, reicht es heute, die Teile zusammenzuhalten und etwas Sekundenkleber dranzugeben, zehn Sekunden warten, hält!

Die Klebekraft der Sekundenkleber reicht im Normalfall für die meisten Klebestellen aus und man kann sogar ganze Modelle damit bauen. Nur an hoch belasteten Stellen braucht

man doch noch etwas anderes. Für die Verklebung von Balsaholzteilen untereinander kann man sehr gut den dünnflüssigen Sekundenkleber nehmen, der auch tief in das Material eindringt. Dafür ist er nicht in der Lage, einen kleinen Spalt zwischen zwei Teilen zu überbrücken. Dafür ist der mittelviskose Sekundenkleber besser geeignet. Den sollte man nehmen, wenn Sperrholzteile mit im Spiel

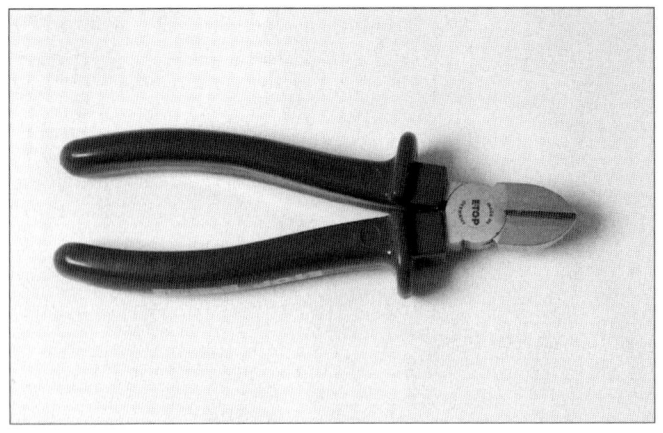

Eines der besten Weih-
nachtsgeschenke der letz-
ten Jahre: ein hochwertiger
Seitenschneider. Der ist
wirklich seinen Preis wert.

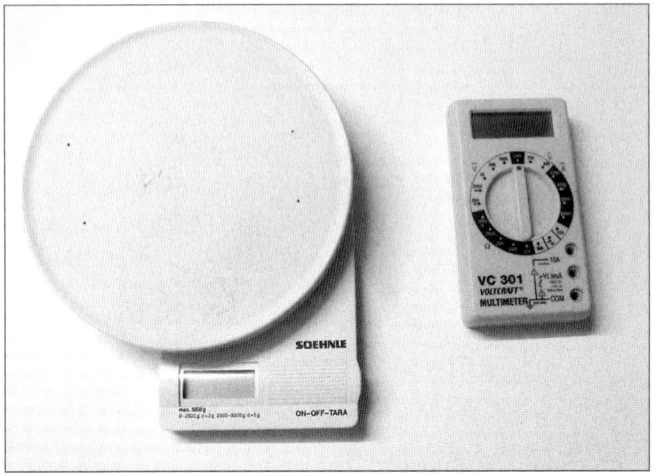

Links eine digital anzeigende Küchenwaage. Die mitgelieferte
Rührschüssel hat meine Frau bekommen, also ein Produkt
für die ganze Familie. Rechts ein einfaches Multimeter für ca.
10 Euro, reicht aber trotzdem für alles aus.

Sekundenkleber ist mittlerweile aus dem Modellbau
nicht mehr wegzudenken.
Dies ist die Version, die
auch Styroporteile nicht
angreift

sind. Der dickflüssige Sekundenkleber wird
dagegen nur verwendet, wenn es um große
Flächen geht, denn da wäre der dünne Kleber
schon längst trocken, bevor die Fläche ganz
eingestrichen ist. Leider verträgt der Leichtschaum vieler Park-Flyer und auch Styropor
die Lösungsmittel im Sekundenkleber nicht so
gut. Deshalb gibt es für diese Klebestellen einen speziellen Sekundenkleber. Experimente

sind hier nicht ratsam, löst sich das Styropor
doch beim falschen Kleber komplett auf.

Wenn selbst der Sekundenkleber zu langsam ist, kann man ihn mit Aktivatorspray
dazu überreden, noch schneller zu arbeiten.
Das ist leider nicht ganz billig, aber dafür
ist die Klebestelle dann wirklich sofort fest.
Gerade bei Reparaturen ist das ein nicht zu
unterschätzender Vorteil.

Weißleim

Der gute alte Weißleim hat mittlerweile fast ausgedient, braucht er doch einige Stunden bis zum vollständigen Austrocknen und ist auch relativ schwer. Dafür sind die Klebestellen zweifellos fester als mit Sekundenkleber.

5-Minuten-Epoxidharz

Noch fester wird es in den meisten Fällen mit 5-Minuten-Epoxidharz, einem Zweikomponentenkleber, der schon noch fünf Minuten einigermaßen fest und nach etwa einer halben Stunden ausgehärtet ist.

Im Gegensatz zu den vorgenannten Klebern eignet er sich nicht nur für die Verklebung von Holzteilen untereinander. Mit ihm kann man auch Mischverklebungen, also Holz mit Metall oder Kunststoff oder Metall mit Kunststoff, sicher herstellen.

Bei Modellen mit GFK-Rümpfen ist er sogar oft der einzige Kleber, der vernünftig hält.

Der Zusammenbau

Wie baue ich alles zusammen? Dies ist jetzt die bange Frage des Einsteigers, der seine Einkäufe beendet hat und nun aus der Theorie in die Praxis wechselt. Was jetzt kommt, könnte man in langen theoretischen Ausführungen abhandeln, aber das erfordert doch viel Geduld vom Leser. Daher wollen wir uns etwas mehr an der Praxis orientieren und einfach zwei Modelle nehmen und zusammenbauen.

Gegenüber einem Bericht in einem Fachmagazin, der neben dem Einsteiger auch den fortgeschrittenen Piloten anspricht, können wir uns hier einmal Zeit nehmen und alles ganz langsam Schritt für Schritt erklären.

Die beiden ausgewählten Modelle sind zwar einerseits typisch, aber andererseits stehen sie doch nur für sich selbst, denn jedes Modell ist einfach immer etwas Individuelles.

Auch wenn es sich um ARF-Modelle handelt, etwas Arbeit ist schon nötig, bis beide flugbereit auf dem Rasen stehen.

Trotzdem will ich neben den Besonderheiten des ausgewählten Modells auch auf allgemein gültige Punkte eingehen.

Die Hinweise und auch manchmal die Kritik an den Modellen gehen sehr ins Detail und könnten den Leser zu den Ansicht verleiten, dass die beiden Modelle doch nicht so gut geeignet sind. Das ist aber nicht der Fall, sonder so zu sehen: Wenn man Zeit hat, Details anzumerken, muss es so sein, dass es keine großen Probleme gibt – und so ist es bei den beiden vorgestellten Modellen.

Noch eine Bitte: Lesen Sie ruhig die Kapitel für beide Modelle, auch wenn Sie sich nur für eines davon interessieren. Erstens haben Sie für den ganzen Text bezahlt, zweitens habe ich es mir und dem Leser erspart, gewisse Passagen zu wiederholen. Es ist doch besser, z.B. das Auswiegen nur bei einem Modell zu beschreiben, um dann andere Dinge beim anderen Modell vorzustellen. Ich hoffe, Sie stimmen mir da zu. Die Wahl der Modelle, die jetzt ausführlich beschrieben werden, ist auf den Pedro von Graupner und die Vicky von Multiplex gefallen. Beide sind allerdings nur als Beispiele zu betrachten. Es hätten auch andere, ähnliche Modelle sein können.

Der Pedro ist ein typischer, einfacher Elektrosegler der 2-m-Klasse, der auch noch mit einem einfachen und preiswerten Antrieb geflogen werden kann. In dieser Art gibt es noch viele weitere Modelle, die mit ähnlichem Flugverhalten daherkommen.

Die Vicky von Multiplex ist ein einfaches Motormodell mit ausgewachsenen Dimensionen. Auch hier reißt der Antrieb keine tiefen Löcher ins Budget und der Einsteiger kann sich erst einmal auf die anderen Anschaffungen konzentrieren.

Pedro von Graupner

Warum das Logo dieses Flugzeugmodells aus dem Hause Graupner nun gerade ein extrem entspannter, unter seinem Sombrero schlafen-

Der handliche Karton des Pedro ist nicht nur für den Weg vom Fachhändler bis nach Hause nützlich.

der Mexikaner ist, wird wohl das Geheimnis der Marketingstrategen in Kirchheim an der Teck bleiben. Fachhändlern und Kunden gefällt das Modell jedenfalls, denn in den Regalen der meisten Modellbaugeschäfte findet man diesen Bausatz an prominenter Stelle.

Graupner liefert das Modell in zwei Varianten. Unter der Bestellnummer 4231 bekommt man es mit fertig ausgefrästem Rumpf, fertig gebauten Flächen und Leitwerken und sämtlichem Zubehör zum Einbau der Fernsteuerung. Die Variante mit der Bestellnummer 4233 ist dann noch weiter vorbereitet: Die Motorhalterung ist ebenso wie die Akkurutsche und der Servohalter bereits fertig eingeklebt, auch das Seitenleitwerk befindet sich schon an seinem Platz. Die schwarze Kabinenhaube in Carbon-Optik ist fertig zugeschnitten und der Draht, der dafür sorgt, dass die Haube an Ort und Stelle bleibt, ist bereits an seinem

Drinnen hat auch nach der Montage der komplette Flieger noch Platz und kann so sicher zum Flugplatz transportiert werden.

Eine Lösung aus der Praxis ist die Befestigung der Kabinenhaube mit einem Stahldraht. In der Version 4233 ist das Ganze sogar schon perfekt eingeklebt.

Platz befestigt. Der Preisunterschied von ca. 20 Euro ist für den routinierten Modellbauer, der diese Arbeiten innerhalb einer Stunde erledigt, hoch, aber der Anfänger, der zum ersten Mal ein Flugmodell in der Hand hält, ist für die Bauerleichterung sicher dankbar. Dazu kommt noch, dass man bei der zweiten Ausführung keinerlei Klebearbeiten zu erledigen hat.

Egal welche Version, der Pedro kommt in einem großen Karton von 22×20×98 cm mit einem praktischen Tragegriff. Dieser Griff ist nicht nur deshalb so praktisch, weil man

die Schachtel damit sicher nach Hause tragen kann, sondern weil sie sich auch später immer wieder zum Transport des fertigen Modells benutzen lässt. Wenn Flächen und Höhenleitwerk abgeschraubt sind, passt auch der fertige Pedro-Rumpf mit montiertem Spinner wieder in den Karton, denn er hat genug Überlänge. Sehr schön mitgedacht, Herr Graupner! So kann man das Modell einmal mit ins Urlaubsgepäck schmuggeln, denn ein unverpackter Flieger würde im Kofferraum zwischen den Koffern doch arg leiden. Wer es nicht weit zum Modellflugplatz hat, kann den Karton vielleicht sogar auf dem Fahrrad transportieren. Eine Alternative für die jugendlichen Einsteiger, die sicher eine besonders wichtige Zielgruppe darstellen.

Mit seinen 1.800 mm Spannweite bleibt der Pedro noch handlich und soll sogar mit einem sechszelligen Flugakku zu fliegen sein. Diese Akkus sind preiswert und bei den Modellautofahrern der Standard. Das senkt die Kosten für einen Umsteiger.

Teure Motoren braucht es für ein so einfaches Modell auch nicht, ein Speed 600 für um die 10 Euro reicht vollkommen aus. Diese Motoren ziehen keine hohen Ströme, was wiederum die Kosten für den Fahrtregler in Grenzen hält.

Andererseits hat der Pedro mit seiner Größe und seinem Gewicht von ca. 1.400 g bei einer Flächenbelastung von 36–40 g/dm² ein Format, mit dem man selbst bei moderatem Wind fliegen kann. Der Einsteiger ist also nicht unbedingt auf einen windstillen Tag angewiesen. Trotzdem sind gute Segelflugeigenschaften zu erwarten.

All diese Eigenschaften sind gefragt, wenn man ein gutes Einsteigermodell sucht, aber jetzt öffnen wir erst einmal den Karton.

Darin herrscht wohlsortierte Ordnung, denn durch eine durchdachte Inneneinteilung haben alle Teile ihren festen Platz und können sich gegenseitig nicht beschädigen. In der Mitte findet sich der weiße Kunststoffrumpf aus einem schlagzähen Thermoplast, bei dem der Hersteller schon alle notwendigen Ausschnitte vorbereitet hat und bei dem in der vorliegenden Version 4233 auch schon das Seitenleitwerk mit Ruder eingeklebt ist. Außerdem haben die fleißigen Helfer bei Graupner bereits den Servohalter und die Außenrohre für die Bowdenzüge mit Stabilit Express satt eingeklebt. Das sieht sehr solide aus.

Ebenfalls mit Stabilit Express ist der Stahldraht in der Kabinenhaube verklebt, der später dafür sorgt, dass sie im Flug nicht verloren geht. Obwohl die Haube nur aus einfachem ABS gezogen ist, hat sie außen eine sehr schöne, fast edel aussehende Carbon-Imitation. Dass die Haube auf jeder Seite 1 mm vom Rumpf absteht, ist da ein Schönheitsfehler, der kaum erwähnt werden sollte.

Rechts und links vom Rumpf stehen aufrecht die beiden Flächen in einem kleinen Papphalter, der auch die fertig angeklebten Flächenohren, neudeutsch Winglets genannt,

Durch die transparente Bügelfolie sieht man deutlich die hervorragende Verarbeitung beim Pedro. Das ist das Werk von Könnern.

fixiert und schützt. Die Flächen sind sehr solide aus ausgesuchtem Balsaholz gebaut und haben als Holme zwei Kiefernleisten 5×5 mm. Das ist absolut solide und so kann man auf die sonst häufig übliche vordere Beplankung der Fläche verzichten, besonders, weil zwischen den Rippen noch Diagonalverstrebungen eingebaut sind.

Das Messingrohr für den Verbindungsstahl haben die Konstrukteure in einem extrem soliden Kiefernklotz untergebracht. Vielleicht nicht die leichteste Lösung, aber in Sachen Festigkeit ist das über jeden Zweifel erhaben, und das zählt bei einem Anfängermodell mehr als die letzten 10 g Gewichtsersparnis.

Auch außen sind die Flächen sehr robust. Die Winglets sind an einem massiven Klotz angeklebt. Sie sind aus zwei Brettern zusammengesetzt, deren Maserungsverlauf unterschiedlich ist, so vermeidet man wirksam einen Verzug der Winglets.

Die Bauausführung ist ohne jeden Tadel, ich selbst habe selten die Muße, so genau und sauber zu bauen und auch die Bespannung der Fläche mit transparenter Folie ist ein kleines Meisterstück, auf das ich stolz wäre, wenn ich es selbst gemacht hätte. Gerade bei transparenter Folie muss man sehr genau arbeiten, da man auch die verdeckten Fehler sehr gut sieht.

Am Boden finden wir dann das Höhenleitwerk aus einem Balsabrett, das natürlich ebenfalls perfekt mit Bügelfolie bespannt ist. Das Höhenruder ist ebenso wie das Seitenruder mit transparentem Film angeschlagen und absolut leichtgängig. Auch das kann man selbst nicht besser machen.

Nachdem die großen Komponenten aus dem Karton sind, finden wir noch die Bowdenzüge, drei Beutelchen mit Kleinteilen, den Dekorbogen, den Bauplan und ein rotes Blatt mir Warnhinweisen für den Betrieb von Modellflugzeugen. Es kann schon an dieser Stelle verraten werden, dass die wenigen Teile, die wir vor uns haben, absolut ausreichen, um den Pedro fertig zu machen. Da fehlt nichts, und da ist auch nichts zu viel.

Bevor wir jetzt mit der Montage des Modells beginnen, legen wir erst einmal alles bereit, was wir so brauchen. Die Bauanleitung im Posterformat gibt auch hierüber Aufschluss. Es fehlen noch der Antrieb, der

Auch die Ohren an den Flächen sind perfekt angebracht.

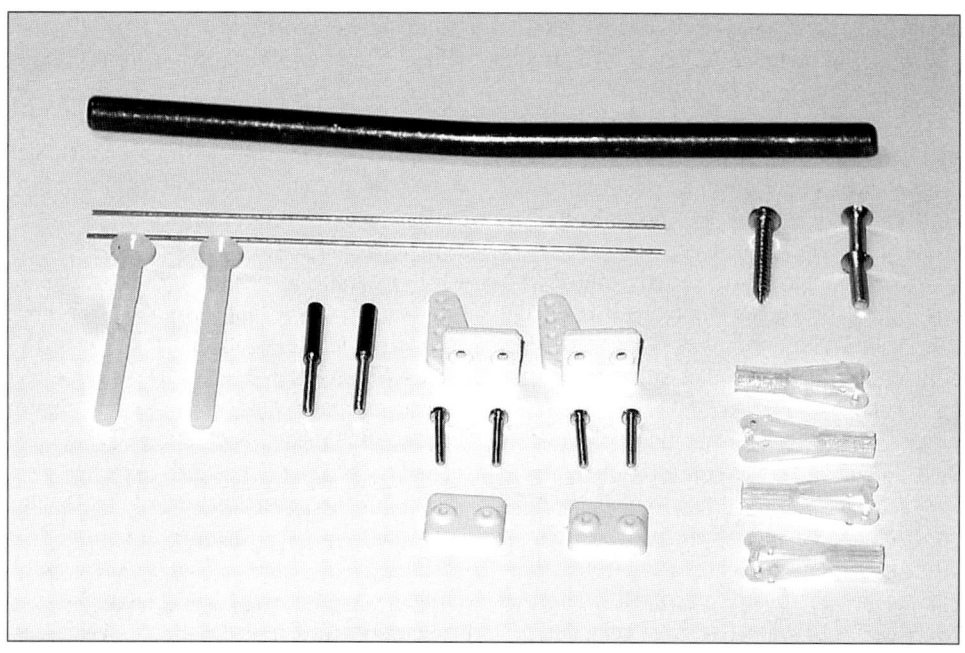

Wenn ein Bausatz so weit vorbereitet ist wie der Pedro, braucht es nur noch wenige Einzelteile, um das Modell zu komplettieren. Die sind in gewohnt guter Graupner-Qualität im Bausatz enthalten.

Antriebsakku und die Komponenten für die Fernsteuerung sowie etwas Werkzeug, aber gehen wir der Reihe nach vor. Für den Pedro empfiehlt Graupner zwei möglich Sets. Entweder das ECO-Set 6074 mit dem Speed 600 ECO oder das Power-Set mit dem Speed 600/8,4 V. In den Sets ist jeweils die passende Klappluftschraube enthalten. Interessant ist, dass sich die beiden Sets preislich kaum unterscheiden.

Als Akkus kommen sechs oder sieben Zellen der Baugröße Sub-C zum Einsatz, wobei das Modell mit sieben Zellen sicher einen besseren Steigflug haben wird. Diese Zellen haben mittlerweile Kapazitäten zwischen 1.500 Milliampere (billig) und 3.000 Milliampere (teuer) bei gleicher Größe und annähernd gleichem Gewicht. Als Drehzahlsteller wird für beide Sets ein Pico Mos 35 oder ein Power V 35 vorgeschlagen, der mit einer maximalen Strombelastung von 35 bzw.

30 Ampere ausreichende Leistungsreserven hat. Als Servos schlägt Graupner die Standardservos C 577 vor. Diese findet man in den meisten Fernsteuerungssets als einfache Standardservos, auch ähnliche Typen anderer Hersteller haben in dem Halter Platz.

Für den Empfänger ist unter dem Akkuhalter reichlich Raum, sodass es nicht unbedingt ein sehr kleines Exemplar sein muss. Einfachere und preiswertere Komponenten als die, die Graupner für den Pedro vorschlägt, gibt es kaum. Auch das hält die Kosten für das Modell in einem überschaubaren Rahmen.

Da nicht geklebt und nicht geschliffen wird, kann man den Pedro getrost auf dem Wohnzimmertisch zusammenbauen, ohne einen schief hängenden Haussegen zu riskieren. Als Werkzeug brauchen wir nur einen mittelgroßen Schlitzschraubenzieher (ja, ja, ich weiß, korrekt heißt das Schraubendreher), einen kleinen Schraubenzieher für Kreuzschlitzschrauben, eine Zange, einen Seitenschneider, einen 1,5-mm-Bohrer und eine Schere für die Aufkleber und außerdem einen kleinen Lötkolben, um Motor und Regler miteinander zu verbinden. Bis auf den Lötkolben gibt es diese Werkzeuge wohl in jedem Haushalt und einen Bekannten mit einem Lötkolben aufzutreiben sollte auch kein Problem sein.

Die Montage des Pedro beginnt damit, dass man den Bauplan vorsichtig in der Nähe des Bastelplatzes an der Wand befestigt. Dort stört er niemand und man kann ihn immer zurate ziehen.

In 24 Bauschritten, die wirklich auf fast alles eingehen, erläutert die Bauanleitung die einzelnen Baustufen, um aus dem Pedro-Bausatz ein Flugmodell zu machen. Diese Schritte will ich hier nicht nachbeten, aber trotzdem aus meiner Erfahrung einige Hinweise zur Montage und eventuellen Unterschieden des Testmodells zur Bauanleitung geben, die aber bewusst so klein wie möglich gehalten werden.

Prüfung der Einzelteile

Eigentlich ist die Qualitätskontrolle die Aufgabe des Herstellers, aber man sollte sich doch die Zeit nehmen, jedes Fertigteil noch einmal genau zu prüfen. Kleine Beanstandungen kann man dann selbst reparieren, größere Fehler sollte man mit dem Fachhändler besprechen und eventuell den Bausatz tauschen. Aber das geht natürlich nur, wenn das Teil noch nicht verbaut worden ist.

Beim Rumpf wird geprüft, ob er nicht verzogen ist und ob das Seitenleitwerk fest und gerade eingeklebt wurde. Auch die Verklebung von Motorhalter, Akkuauflage und Servohalter muss geprüft werden. Am Höhenleitwerk sollte man nachsehen, ob sich das Teil nicht durch die Bügelfolie verzogen hat. Wenn ja, kann man das durch Erwärmen mit einem Bügeleisen und Verdrehen in die Gegenrichtung meistens einfach wieder korrigieren. Die Prüfung auf Verzug können wir dann gleich

auf die Flügelhälften ausdehnen. Ein strenger Blick über die gerade Flügelunterseite hilft da schon eine Menge, und wenn man den Flügel auf die Arbeitsplatte in der Küche legt, sollte er innen wie außen satt aufliegen. Auch hier kann man mit dem warmen Bügeleisen, Einstellung 2–2,5 von 3, korrigieren.

Und wenn das Bügeleisen schon einmal heiß ist, sollte man auch die Folie prüfen. Die Kanten und Ecken lassen sich nachbügeln, wenn sie lose sind, und auch eventuelle Falten sind schnell beseitigt. Dazu kann man unter Umständen die Hitze bis auf Stufe drei vorsichtig erhöhen. Aber bitte nur in kleinen Schritten, sonst kann es passieren, dass die Fläche ein unschönes Loch bekommt. Da hilft dann nur noch ein Aufkleber, der hoffentlich an diese Stelle passt, oder ein neues Stück Folie, das beim Händler zu besorgen ist.

Zur Ehrenrettung des Pedro sei gesagt, dass das Bügeleisen kalt bleiben konnte, denn es gab weder Verzüge noch lose Kanten oder Falten. Die Folie war absolut perfekt. Ein Kompliment nach Kirchheim/Teck. Fast perfekt war auch der Bau der Fläche. Die Teile passen, lediglich zwei Diagonalrippen hatten an je einer Seite keinen Klebstoff abbekommen. Deswegen wäre das Modell sicher nicht vom Himmel gefallen, aber trotzdem sollte es behoben werden. Dazu wurde oben ein kleines Loch in die Bespannung geschnitten und dann mit einem Stahldraht etwas Weißleim an die Teile getupft. Sekundenkleber wäre auch gegangen, aber der macht weiße Ausdünstungen, die noch mehr als die losen Streben gestört hätten. Über den Löchern sitzt jetzt der große Graupner-Schriftzug, sodass die Aktion unsichtbar blieb.

Dies war die einzige Stelle, die am vorliegenden Pedro nachgearbeitet werden musste. Also hat Graupner auch in Sachen Qualität gezeigt, dass sie gute Leistungen abliefern. Ganz sicher hätte kein Einsteiger einen Holzbausatz in dieser Qualität gebaut und auch so mancher Modellbauer mit Routine kann's nicht so gut.

Servomontage und Ruderanschlüsse

Auch hier hat Graupner gut vorgearbeitet, sind die Bowdenzüge doch schon eingebaut und der Servohalter satt mit Stabilit eingeklebt. Die Bohrungen im Servohalter passen perfekt für Standardservos wie C 577 und es dauert kaum zwei Minuten, bis sie mithilfe der den Servos beiliegenden Schrauben sicher montiert sind. Die Steuerkreuze auf den Servos sind noch mit dem Seitenschneider gemäß Zeichnung zu kürzen und sollten dann erst einmal nur provisorisch so auf das Servo aufgesteckt werden, dass sie rechtwinklig zur Rumpffachse stehen.

Um die Ruderhörner an den Rudern zu befestigen, muss man die Ruder gemäß Zeichnung jeweils zweimal mit 1,5 mm oder 2 mm durchbohren, damit die M2-Schrauben in die Gegenplatten gehen können. Wer einen Akkuschrauber und einen passenden Bohrer sein Eigen nennt, hat das schnell erledigt, aber, ich habe es probiert, man kann die Ruder auch an den entsprechenden Stellen mit einem kleinen Stahldraht durchstoßen.

Die Verbindung von Servo und Ruder übernehmen die Bowdenzüge aus Kunststoff. Auf einer Seite ist die Gewindehülse schon befestigt, auf der anderen Seite muss das der Modellbauer zwangsläufig selbst machen, nachdem der Zug in die Hülse eingeschoben

ist. Das ist aber mithilfe der Bauanleitung kein Problem. Beim Verquetschen mit dem Seitenschneider sollte man gefühlvoll vorgehen, um die Gewindehülse nicht zu beschädigen. Die transparenten Gabelköpfe werden vor dem Ablängen des Bowdenzuges so weit auf die Gewindehülse geschraubt, dass das Gewinde bis zur Mitte des Schraubkanals geht. Dann kann man die Länge des Zuges nachher noch in beide Richtungen justieren.

Der Bowdenzug hat die perfekte Länge, wenn beide Enden eingehängt sind und das Ruder dann gerade steht, wenn der Ruderarm am Servo rechtwinklig zu Rumpffachse ist.

Die Bauanleitung verrät dem Modellbauer auch noch, dass beim Pedro die Gabelköpfe am zweiten Loch von innen des Ruderhorns eingehängt werden sollen und man am Servo ein Loch wählt, das einen Abstand von 10,5 mm vom Servomittelpunkt hat. Dann ergeben sich die richtigen Ruderausschläge

Empfänger

Der Empfänger findet seinen Platz unter dem Akku bzw. unter der Akkurutsche. Dieser Platz ist gut gewählt, bietet er doch einige Vorteile. Zum einen ist hier viel Raum, auch für größere Exemplare, zum anderen ist der Empfänger weit weg vom Motor, der ihn stö-

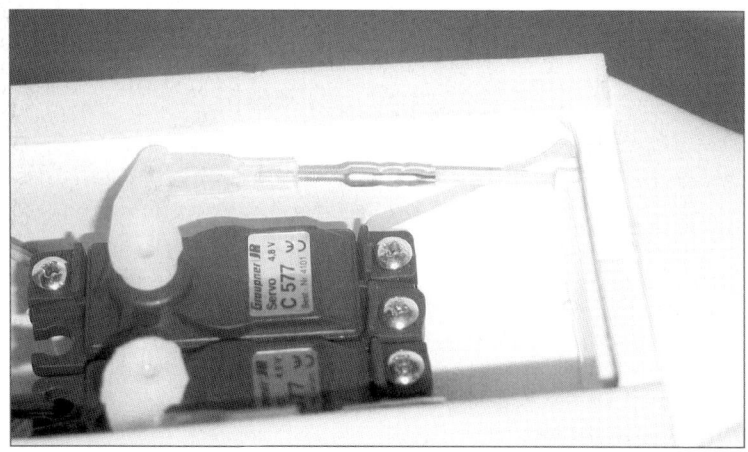

Die Servos passen perfekt in die vorgegebenen Positionen und die Bowdenzüge verlaufen vorbildlich gerade. Jetzt fehlen nur noch die Schrauben zur Sicherung der Servoarme.

ren könnte, und auch der Akku liegt auf seiner Rutsche und kann den teueren Empfänger bei einem Absturz nicht beschädigen. Mein Empfänger Graupner R 600 ist aber so klein, dass er sich an dieser Stelle eher verliert, deswegen hat er aus dem Schaumstoff im Bausatz noch eine Hülle bekommen, die ihn einerseits schützt und andererseits fixiert. Beim Empfänger ist solch eine Schaumstoffhülle durchaus sinnvoll und erlaubt, bei Regler und Servos dagegen nicht. Der Regler braucht Luftzirkulation, da er sich erwärmen kann, und bei den Servos würde eine Schaumstoffhülle die Bewegungen des Servoarms behindern.

Motor und Regler

Beim Pedro ist als Regler der Pico Mos 35 oder der Power V 35 Regler von Graupner vorgesehen, der zwischen Motor und Empfänger reichlich Platz findet. Es sind sogar schon die Durchbrüche in der Seitenwand für den Ein-Aus-Schalter des Reglers vorgesehen. Im Testmodell konnte ich es mir aber nicht verkneifen einen Kontronik-Regler Rondo 600 zu installieren, der direkt hinten auf dem

Motor sitzt. Es sei an dieser Stelle erwähnt, dass Graupner auch einige Typen der Speed-600-Motorreihe gleich mit diesem Reglertyp verkauft. Die Motorenbezeichnung wird dann um ein „Plus" erweitert. Daher wollen wir uns jetzt die komplette Einheit aus Motor und Regler vornehmen.

Der Einbau dieser Teile beginnt mit der Vorbereitung der Komponenten noch außerhalb des Rumpfes.

Der Speed-600-Motor ist glücklicherweise schon vom Hersteller mit zwei Entstörkondensatoren versehen worden. Das erkennt man daran, dass zusammen mit den beiden Anschlusslaschen auch jeweils ein dünner Draht aus dem Gehäuse kommt. Diese Entstörung mit zwei Kondensatoren könnte ausreichen, aber ein dritter Kondensator, der die beiden Motorkontakte miteinander verbindet, schadet sicher nicht und das Anlöten zusammen mit den Motorkabeln ist kein Problem. Den Kondensator kann man gleich zusammen mit dem Antriebsset beim Händler beschaffen. Außerdem brauchen wir dann noch zwei Kabelstücke von 8 cm Länge für den Anschluss des Motors an den Regler. Hier muss ich sagen,

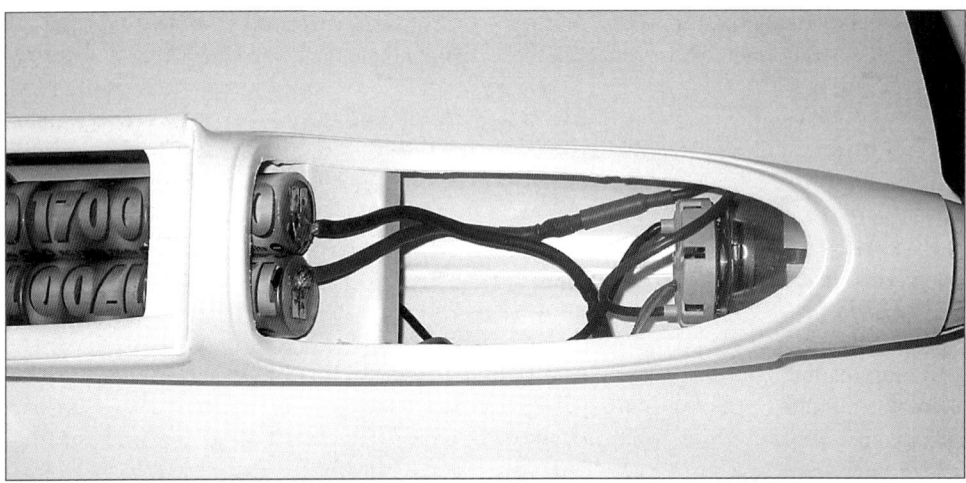

Das offene Rumpfvorderteil des Pedro zeigt deutlich, dass es hier sehr aufgeräumt zur Sache geht. Da der Regler gleich auf dem Motor sitzt, bleibt der Raum zwischen Akku und Motor hier sogar leer.

dass ich es gut gefunden hätte, wenn man diese Kabel entweder dem Antriebssatz oder dem Bausatz beigefügt hätte. Beide Sets sind so vollständig, dass man eigentlich nur noch die großen Komponenten zukaufen muss – und dann fehlen die beiden Kabelstückchen, an die der Fachhändler sicher auch nicht denkt, da sie in den sonst so kompletten Zubehörlisten nicht explizit erwähnt sind.

Man sollte der Versuchung widerstehen, diese Kabel aus normalem Elektrokabel zu machen, sie sind meist sehr steif und dann zerrt jede Bewegung des Reglers an den Lötstellen. Hochflexible Litze ist hier das einzig Vernünftige. Das Löten an sich ist kein Akt, man muss nur darauf achten, dass der Lötkolben schön heiß ist, damit man keine kalte Lötstelle, so heißen die Dinger wirklich, produziert. Eine kalte Lötstelle sieht zwar haltbar aus, ist jedoch nicht belastbar und wird kurz über lang brechen. Wer keine Erfahrung im Löten hat, sollte sich hier helfen lassen.

Der Motor hat auf der Rückseite einen kleinen roten Punkt neben einer Lötfahne, hier wird das rote Kabel angelötet, das schwarze kommt an die andere Lötfahne.

Grundsätzlich wird die Plus-Leitung immer mit einem roten Kabel gekennzeichnet und die Minus-Leitung ist schwarz oder blau. Hier gibt es keine Ausnahmen und wenn man diese Regel beachtet, läuft der Motor in der richtigen Richtung. Wenn er es einmal nicht tun sollte, muss man die Kontakte am Motor vertauschen. Niemals am Akku oder Regler etwas tauschen. Das quittiert der Regler normalerweise mit einer Rauchfahne, die sein Lebensende bezeichnet.

Beim Testmodell gibt es an dieser Stelle wie schon angedeutet die einzige Abweichung von der von Graupner vorgeschlagenen Bestückung, denn es wurde ein Fahrtregler Rondo 600 aus dem Hause Kontronik eingebaut. Er hat die Außenmaße des Motors und wird direkt auf die Kontakte des Motors aufgelötet. Somit entfällt dann der dritte Entstörkondensator, der in die Elektronik des Reglers inte-

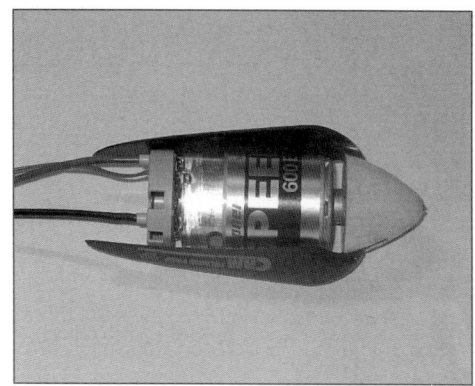

Der komplette Antrieb des Pedro vor dem Einbau. In der Mitte der Motor, rechts und links seine beiden Helfer, der Propeller und der Regler.

griert ist, und logischerweise brauchen wir auch das Kabel vom Motor zum Regler nicht. Das Schutzgehäuse im Lieferumfang des Reglers bewahrt ihn lediglich vor Schäden, wenn der Akku doch einmal drankommen sollte.

Bei diesem Regler müssen wir noch Steckverbinder für den Anschluss des Akkus anlöten. Hier gibt es zu Zeit wohl drei Systeme, die für den Elektroflug geeignet sind:

Stecksystem G 2 von Graupner
Hierbei handelt es sich um ein zweipoliges Stecksystem mit einem kompakten Gehäuse, das allseits gegen Berührung schützt und einen Verpolungsschutz darstellt. Die eigentlichen Kontakte auf dem Kabel sind vergoldet und stellen so eine sichere Verbindung her. Industriell werden die Kontakte nur auf das Kabel gequetscht, der Fachmann sagt „gecrimpt", aber als Laie sollte man die Kontakte zusätzlich anlöten.

Die goldenen Kontakte kann man sicher problemlos mit bis zu 40 Ampere belasten, aber man muss auf Mogelpackungen achten, denn bei billigen Akkupacks kann es auch sein, dass man sie mit einfachen Blechverbindern bekommt, die schnell korrodieren können.

Hochstromverbinder von Multiplex

Diese grünen oder roten Steckverbinder haben sogar sechs Pole, von denen je drei für den Pluspol und drei für den Minuspol reserviert sind. Die Anschlüsse sind im Stecker gekennzeichnet. Das Kabel wird hier zwischen drei Anschlüsse gelötet und dann mit einem kurzen Stück Schrumpfschlauch wieder isoliert. Durch die drei einzelnen Kontakte ist das System sehr sicher und robust und es ist ebenfalls ohne Probleme auch für Ströme bis 40 Ampere, und das ist schon eine ganze Menge, gut geeignet.

4-mm-Goldkontakt-Steckverbinder

Bei diesen Steckern handelt es sich um die preiswerteste Lösung, die zugleich auch noch am höchsten belastbar ist. Auch weit mehr als 40 Ampere verkraften die 4-mm-Stecker ohne Schwierigkeiten.

Die Stecker und Buchsen werden einzeln an die Kabel gelötet und danach mit Schrumpfschlauch isoliert, wobei am Stecker eine Partie blank bleibt. Beim Transport der Akkus sollte man diese Stelle mit etwas Schlauch bedecken, um alle Möglichkeiten eines Kurzschlusses sicher zu verhindern. Insgesamt erfordert dieses Steckersystem etwas mehr Sorgfalt vom Benutzer, dankt es

aber mit einem geringeren Preis und bester Qualität. Egal welches System, gerade beim Anschluss vom Akku an den Regler muss sehr sorgfältig gearbeitet werden, denn an diesen Kontakten hängt das Leben des Modells. Wenn hier der Strom unterbrochen wird, läuft der Motor nicht mehr und, viel schlimmer, auch die Empfangsanlage arbeitet nicht mehr und das Modell gerät außer Kontrolle.

Neben der Gefahr der Beschädigung durch einen Absturz droht dann vielleicht der Totalverlust des Modells oder eine Gefährdung Dritter. Also bitte sorgfältig arbeiten, eventuell muss man sich das Löten wirklichen einmal von jemand zeigen lassen, der Erfahrung hat.

Nach diesen Vorarbeiten kann der Motor in den Pedro eingebaut werden. Auch diese Arbeit ist perfekt vorbereitet: Es liegen zwei Schrauben passender Länge bei und die Löcher sind auch schon gebohrt. Im Rumpf ist eine Aufnahme eingeklebt, in die der Motor saugend passt, und wenn man die Schrauben gleichmäßig anzieht, kommt der Motor fast automatisch in die richtige Position.

Sogar Motorsturz und der Motorseitenzug sind bei diesem Einbau schon berücksichtigt. Ob diese Einstellungen allerdings passen, können wir erst beim Flugtest herausfinden.

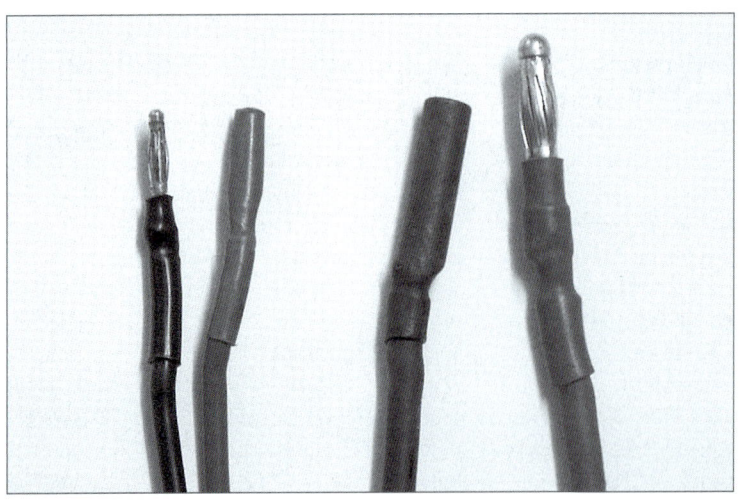

Die beiden Goldsteckersysteme im Vergleich. Links die kleinen 2-mm-Stecker für Ströme bis ca. 20 Ampere. Die 4-mm-Stecker rechts sind auch für Ströme über 50 Ampere geeignet.

Luftschraube

Die richtige Luftschraube zu einem vorliegenden Antriebsstrang zu finden ist eigentlich eine Arbeit für den Elektroflugexperten, hier hat Graupner dem Einsteiger die Arbeit abgenommen, denn das Set enthält eine Luftschraube, die passen sollte. Daher wollen wir uns damit nicht im Detail befassen und einfach der Empfehlung folgen.

Für ein Elektrosegelflugmodell wählt man üblicherweise ein Klappluftschraube, die sich im Segelflug an den Rumpf anlegt und nur noch einen minimalen Luftwiderstand hat. Außerdem ist der Propeller so bei der Landung gut geschützt, denn schließlich hat der Pedro ja auch kein Fahrwerk und ein starrer Propeller würde bei jeder Landung durch das Gras gezogen.

Der Propeller im ECO-Set von Graupner besteht aus einer Grundplatte, zwei Propellerblättern und einer Spinnerkappe. Diese Teile sind alle aus glasfaserverstärktem Polyamid gespritzt. Dazu kommen ein Klemmkonus aus Aluminium sowie eine Scheibe und eine große Mutter. Die Luftschraubenblätter und der Spinner werden von kleinen M2-Schrauben gehalten. Die Montage des Propellers ist gut erklärt und geht schnell von der Hand. Bei der Luftschraube des Testmodells waren die beiden Blätter auch gleich schwer, sodass der gesamte Propeller gut ausgewuchtet lief. Das ist wichtig, denn ein unrund laufender Propeller verursacht Vibrationen und ein starke Geräuschentwicklung. Am besten testet man es, indem man den Rumpf in die Hand nimmt und den Motor einschaltet. Kommt es zu Vibrationen, kann man auf ein Propellerblatt ein kleines Stück Tesafilm kleben. Verstärken sich die Vibrationen nun, war es das falsche Blatt, werden sie weniger, klebt man weitere Tesa-Streifen auf das gleiche Blatt, bis die Vibrationen verschwunden sind.

Nachdem wir den Propeller probehalber auf dem Motor befestigt haben, bauen wir ihn wieder ab und legen ihn zur Seite, denn so eine Luftschraube kann ganz schön gefährlich werden und selbst dieser kleine Propeller an dem kleinen Elektromotor verursacht hässliche Schnittwunden. Daher lassen wir ihn bei den Tests der Empfangsanlage lieber liegen.

Akku

Auch der Einbau des Akkus ist schon von Graupner vorbereitet, denn es gibt in Höhe der Nasenleiste ein eingeklebtes ABS-Teil, über das der Akku in den Rumpf geschoben werden sollte. Der Pedro ist vorgesehen für

Dieser Propeller ist schon passend ausgewuchtet. Er hat nur noch eine kleine Schräglage im Auswuchtgerät.

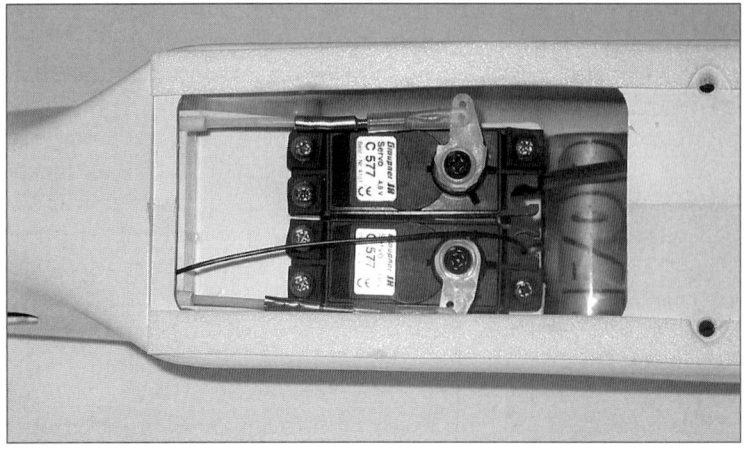

Die Situation im Bereich der Servos des Pedro. Die Bowdenzüge verlaufen schön gradlinig und die Ruderarme sind auch schon mit Schrauben gesichert. Der Akku reicht hinten bis zum Servohalter.

Akkus der Baugröße Sub-C, die es allerdings in unterschiedlichen Qualitäten gibt. Als Beispiel seien hier die Anfang 2003 aktuellen die Preise für ein sechszelliges Pack genannt, wie ich sie der Liste eines Modellbauhändlers entnommen habe:

ECO Power 1.500 mAh	12,30 €
Sanyo 1700 SCR	23,00 €
Sanyo 2400 RC	39,00 €
Sanyo 3000 HV	46,00 €

Dazu sei gesagt, dass die 1.500-mAh-Zellen nicht wirklich für den Elektroflug geeignet sind. Sie sind wohl mehr für einen einfachen RC-Car gedacht und sollten da auch besser bleiben.

Die Sanyo 1700 SCR dagegen ist eine sehr robuste und langlebige Zelle, die ich auch nach Jahren noch gern einsetze. Dazu kommt noch, dass sie gerade mal die Hälfte von dem kostet, was der Händler für eine Hightech-Zelle wie die Sanyo 3000 HV in moderner Nickel-Metall-Hydrid-Technik verlangt. Für den Anfänger empfehle ich sogar, besser zwei Packs von der 1.700ern zu kaufen, als ein 3.000er-Pack anzuschaffen. Auch mit den 1.700-mAh-Zellen ist die Flugzeit ausreichend und mit zwei Packs kann immer eines geladen werden und eines wird geflogen. Das ist besser, als wenn man mit nur einem Pack

unterwegs ist und nach einem langen Flug erst wieder 40 Minuten warten muss, bis der nächste Akku voll ist. Außerdem nehmen die robusten 1.700-mAh-Akkus eine Fehlbehandlung nicht so übel wie die hochgezüchteten 3.000-mAh-Zellen. Später ist dann immer noch Gelegenheit, sich einmal einen anderen Akku zum Geburtstag zu wünschen.

Da die Akkuauflage im Pedro schon passend eingeklebt ist, bleibt dem Modellbauer nur noch die Arbeit, rechts und links an die Seitenwand einen selbstklebenden Schaumstoffstreifen anzubringen, der dafür sorgt, dass der Akku etwas stramm im Modell sitzt.

Wer mit sieben Zellen fliegen will, muss allerdings die Rumpfwand noch etwas ausfeilen, da die siebte Zelle sonst nicht passt, aber das ist nur eine Sache von zwei Minuten. Außerdem brauchen wir einen hinteren Anschlag für den Akku, der so sein muss, dass durch das Gewicht des Akkus der Schwerpunkt des Modells an der richtigen Stelle liegt. Dazu kommen wir gleich.

Abschlussarbeiten

Die Flügel sind wirklich komplett gebaut und bespannt. Es sind auch keine losen Folienecken zu finden. Es müssen lediglich die Öffnungen für den Flächenstahl und die Befestigungsschrauben von der Folie befreit werden. Dazu wird die Folie mit einem scharfen Messer weggeschnitten und die verbleibende Folie mit dem Bügeleisen wieder angeheftet, damit sie sich nicht löst. Das dauert nicht einmal fünf Minuten.

Nun folgt die Justierung der Fernsteuerung und des Schwerpunkts. Dies sind die letzten Arbeiten, bevor wir uns ans Fliegen machen können, und sie sind sehr genau und ohne Eile auszuführen, denn der Erfolg des Erstflugs hängt entscheidend davon ab.

Dazu nehmen wir erst einmal wieder die Luftschraube von der Welle, damit sie niemanden verletzt, während wir die Fernsteuerung einstellen. In der Bauanleitung ist auch die Justierung der Fernsteuerung komplett beschrieben. Für den Betrieb mit der Graupner X-412 gibt die Anleitung sogar die richtigen Empfängerausgänge an, sodass sich die Ruder gleich mit den korrekten Knüppeln bewegen und der Motor bei Betätigung des Gasknüppel anläuft. Als Nächstes ist die Mittelstellung der Ruder zu kontrollieren. Dazu werden die Bowdenzüge bei Mittelstellung der Ruderarme eingehängt und die Gabelköpfe so lange auf den Gewindehülsen hinein- oder herausgeschraubt, dass die entsprechenden Ruder ebenfalls in einer Linie mit den Leitwerken stehen. Vorher ist allerdings darauf zu achten, dass die kleinen Trimmhebel am Sender in der Mittelstellung sind.

Nach dem Einstellen der Mittelstellung erfolgt das Justieren der Ausschlagsgröße. Graupner macht es dem Einsteiger leicht, indem man sagt, dass die Gabelköpfe an den Servos jeweils in einem Loch mit 10,5 mm Abstand von der Servoachse eingehängt werden. Am Ruderhorn kommen die Gabelköpfe dann in das zweite Loch von innen. So ergeben sich die richtigen Ausschlagsgrößen.

Die Praxis hat diese Einstellung bestätigt, der Vollständigkeit halber nenne ich die Ruderausschläge auch noch in Millimeter: Das Höhenruder hat einen Ausschlag von jeweils 9 mm nach oben und unten und das Seitenruder schlägt bei Vollausschlag jeweils 25 mm nach rechts und links aus. Mit diesen Angaben kann man bei der Verwendung von Fernsteuerungen anderer Fabrikate die korrekten Ausschläge kontrollieren. Gern vergessen die etwas routinierteren Modellbauer

Viel besser kann es nicht passen. Bei aufgeschraubten Flächen ergibt sich nur ein kleiner Spalt und die Schrauben verschwinden auch aerodynamisch günstig in den Senkungen.

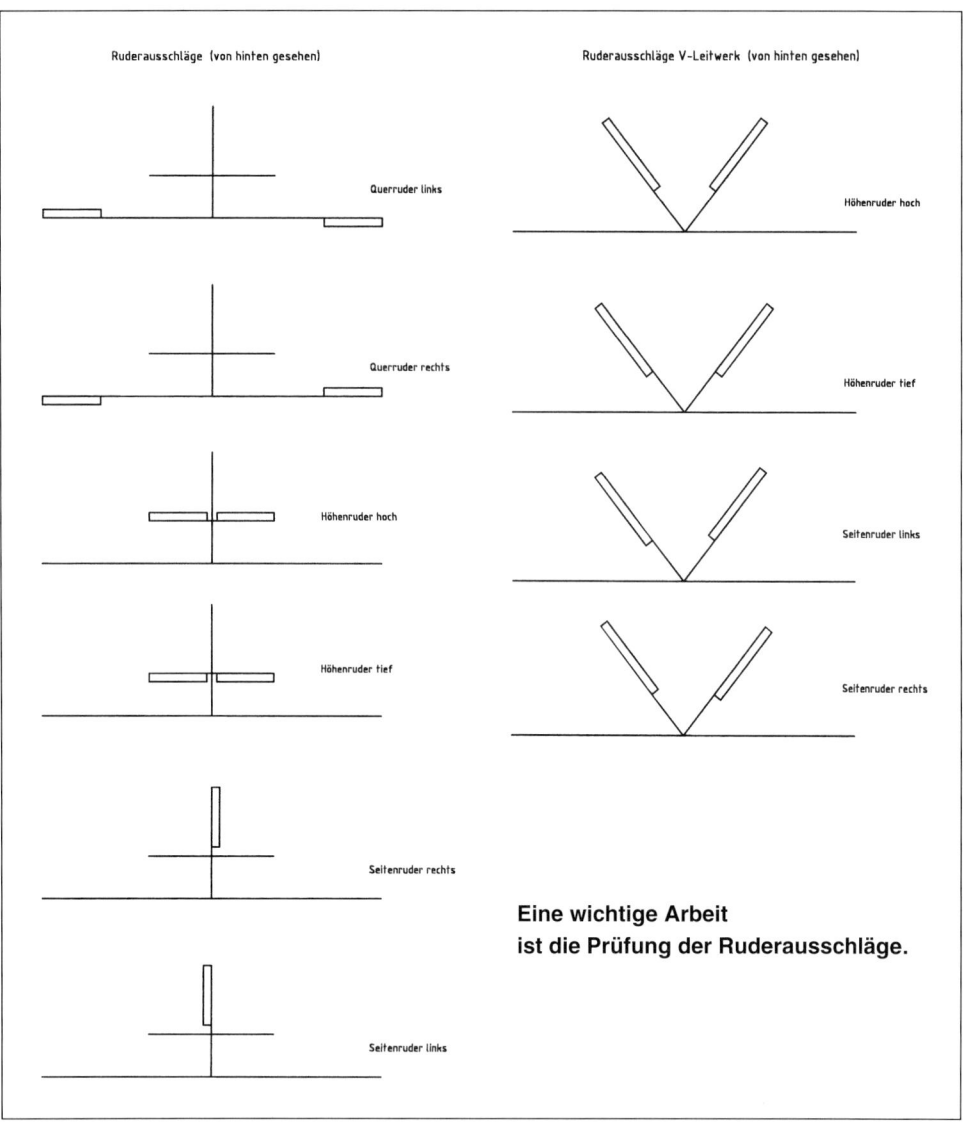

Ruderausschläge (von hinten gesehen)

Querruder links

Querruder rechts

Höhenruder hoch

Höhenruder tief

Seitenruder rechts

Seitenruder links

Ruderausschläge V-Leitwerk (von hinten gesehen)

Höhenruder hoch

Höhenruder tief

Seitenruder links

Seitenruder rechts

**Eine wichtige Arbeit
ist die Prüfung der Ruderausschläge.**

anschließend die Kontrolle der Laufrichtung der Ruder. Wenn dieser Arbeitsschritt unterlassen wird, schafft auch der beste Pilot höchstens eine Flugstrecke von 10 m, bevor das Modell einschlägt. Dazu stellen wir uns mit dem Sender hinter das Modell und betätigen die Ruderknüppel. Bei Seitenruderausschlag nach rechts muss sich das Ruder jetzt auch nach rechts bewegen und bei Ruderausschlag

links muss es sich nach links bewegen. Bei Höhenruderausschlag, also Knüppel zum Bauch ziehen, muss sich die Hinterkante des Ruders nach oben bewegen und bei Tiefenruderausschlag muss es nach unten gehen. Wenn die Ruderausschläge nicht so kommen, kann man mittlerweile bei den meisten Sendern die Ausschläge am Sender umpolen. Wenn das nicht geht, muss man versuchen, den Gabelkopf auf der anderen Seite des Ruderarmes einzuhängen. Oft ist das aber nur schwer möglich, da die Anlenkung dann nicht mehr gradlinig verläuft. Die meisten Fahrtregler stellen sich heute automatisch ein. In der Motor-aus-Stellung muss der Motor natürlich definitiv stehen, besser bereits etwas vor der Knüppelendstellung. Ebenso muss der Regler bei Vollgas auch voll durchschalten, damit die maximale Leistung zur Verfügung steht. Dazu sollte man einmal sorgfältig die Anleitung zum Fahrtregler durchlesen. Bleibt noch die Einstellung des Schwerpunktes. Von seiner Lage hängt es ab, ob das Modell vernünftig fliegt. Der Bauplan gibt die Lage des Schwerpunktes vor und es ist sinnvoll, hier ein kleines Stück Klebeband an der Unterseite des Flügels anzubringen. Dann unterstützt man das komplette Modell, also mit Akku, montierter Luftschraube und mit aufgesetzter Kabinenhaube, mit zwei Fingern im Schwerpunkt und lässt es auspendeln. Es sollte, wenn sich die Finger im Schwerpunkt befinden, gerade hängen oder ganz leicht nach vorn geneigt sein.

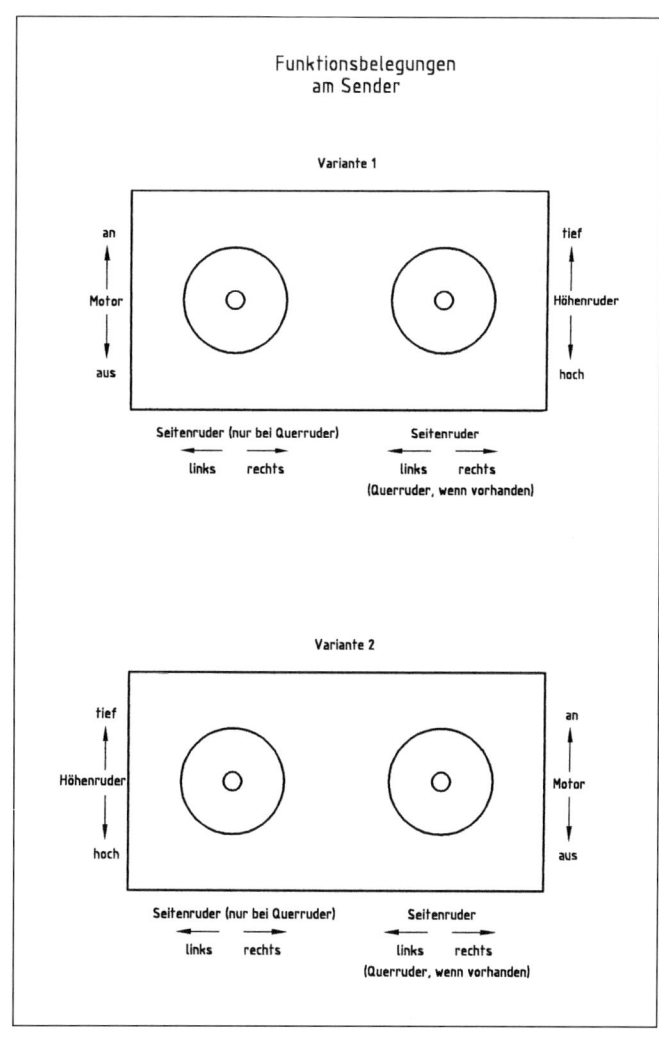

**Möglichkeiten
der Senderbelegung**

Beim getesteten Pedro hing das Modell bei sechs Zellen etwas nach hinten, deshalb wurde noch ein Klotz aus Schaumstoff vor den Servohalter geklebt. Dieser Klotz sorgt dafür, dass der Akku nicht ganz nach hinten rutschen kann, damit ergibt sich dann die richtige Lage des Schwerpunkts für den Pedro.

Bei anderen Modellen verfährt man gleich und diese Tätigkeiten werden sicher schnell zur Routine. Trotzdem gibt es im Anhang eine Checkliste zu diesem Thema, die man mit jedem neuen Modell einmal sorgfältig abhaken kann. So wird jedenfalls nichts vergessen.

Zum Erstflug fehlt jetzt nur noch, dass die Flugakkus und der Senderakku voll geladen werden.

Erstflug

Generelle Tipps über den Erstflug eines Flugmodells und zu den Methoden, das Modellfliegen zu erlernen, sind Inhalt späterer Kapitel. Daher stehen an dieser Stelle eher meine Erfahrungen mit dem Pedro und es

soll auf dessen Besonderheiten hingewiesen werden. Vor dem Erstflug steht, wie später noch einmal genauer beschrieben, natürlich die Wahl des richtigen Geländes. Hier war es der Modellflugplatz des MSC Bussard Rödinghausen, meinem Heimatverein. Der Rasenplatz ist zwar nur 80×40 m groß, aber dafür gibt es in drei Richtungen freies Feld für den Landeanflug.

Drei Tage nach Fertigstellung des Modells war das Wetter richtig, also leichter Ostwind und angenehme Temperaturen um 20 Grad Celsius. Zudem war auf dem Modellflugplatz auch noch ein weiterer Pilot anwesend, der das Abwerfen beim Erstflug übernehmen konnte. Trotz des festen Glaubens an das Modell und auch an die eigenen Steuerkünste ist es mir zumindest beim Erstflug eines Modells immer noch lieber, wenn ein anderer das Werfen übernimmt. Dann hat der Pilot alle Hände am Sender parat.

Nach den üblichen Checks vor dem Start, siehe Checkliste im Anhang, und dem Laden der Akkus kann es endlich losgehen. Vor

Durchstarten nach einem entspannten Segelflug. Dies sollte allerdings wirklich die minimale Höhe für das Manöver sein. Der Einsteiger beginnt damit besser in größerer Höhe.

dem Abwerfen wurden aber vorsichtshalber zusammen mit dem Starthelfer noch einmal die Ruderausschläge geprüft und ein Reichweitentest gemacht. Sicher ist sicher!

Das Abwerfen erfolgt nach einigen schnellen Schritten im flachen Winkel, da vom Speed 600 ECO keine Power-Steigflüge erwartet werden können. Um in Sachen Leistung auf der sicheren Seite zu sein, war ein siebenzelliger Akku mit 1.700 mAh Kapazität im Modell.

So ausgerüstet wiegt der Pedro 1.510 g. Das Übergewicht von 110 g kommt zum Teil durch die siebte Akkuzelle, immerhin 54 g schwer, der Rest von gut 50 g liegt wohl noch in der Toleranz und der Motor sollte eigentlich kein Problem haben.

So war es dann auch: Der Pedro steigt langsam, aber stetig hoch. Große Korrekturen sind nicht notwendig. Je nach Gegenwind muss man höchstens etwas Tiefenruder geben, damit das Modell nicht zu stark steigt und zu langsam wird, aber im Großen und Ganzen stimmen die Einstellungen von Motorsturz und Seitenzug. Nach einer guten Minute Motorlaufzeit ist das Modell ca. 120 m hoch und es ist Zeit, den Motor abzuschalten.

Auch im Segelflug verhält sich der Pedro kreuzbrav. Ohne Umstellung des Höhenruders gelingt es, die Höhe und Geschwindigkeit zu halten. Jetzt hätte ein Einsteiger die Möglichkeit, sich langsam ans Steuern zu gewöhnen. Ohne Thermikeinfluss dauert der Sinkflug bis in Bodennähe aus dieser Höhe ca. 2–3 Minuten. Mit den Sub-C-Zellen mit 1.700 mAh kann man so etwa 4–5 Steigflüge machen, bevor sich das Ende ankündigt.

Nach 15–20 Minuten Gesamtflugzeit muss man dann an die Landung denken, die für den geübten Piloten bereits beim Erstflug völlig unproblematisch ist. Für den absoluten Fluganfänger ist die Landung allerdings die schwierigste Flugphase überhaupt. Am besten ist es also, man überlässt diesen Part bei den ersten Flügen einem geübteren Piloten, bis man in den anderen Flugphasen Routine ge-

wonnen hat. Der Landeanflug erfordert auch bei einem Elektrosegler dieser Größe etwas Einteilung, wie sie später beschrieben wird. Da keine Landehilfen in Form von Störklappen oder hochstellbaren Querrudern vorhanden sind, ist beim Pedro die saubere Einteilung der Landung besonders wichtig. Das ist kein Nachteil, denn am besten lernt man das Landen erst einmal ohne diese Hilfen. Wenn man es dann kann, ist es mit Landehilfen garantiert auch kein Problem mehr.

Die Segelleistungen des Pedro entsprechen denen anderer Modelle gleicher Größe. Das Vergleichsfliegen mit anderen Modellen der 2-m-Klasse, egal ob mit oder ohne Querruder, erbrachte keinen eindeutigen Sieger. Wenn einem die Sonne und das Glück hold sind, sind sogar längere Thermikflüge drin. Beim fünften oder sechsten Flug mit dem Pedro ist es mir sogar gelungen, dass Modell lediglich mithilfe der Thermik von ca. 100 m Höhe auf ca. 250 m zu bringen und es wäre sicher noch weiter gegangen, wenn es mit der Erkennbarkeit des Modells dann nicht langsam kritisch würde. Mithilfe von Loopings und schnell geflogenen Strecken gelang es dann, den Pedro wieder herunterzuholen. Dabei zeigte sich, dass der Flügel nicht nur am Boden stabil ist. Auch beim Looping zeigt er keine Schwächen.

Durch das relativ dicke Flügelprofil erhöht sich allerdings der Luftwiderstand beim schnellen Fliegen. Die Höhe, die man so „abheizt", wird man nie zurückbekommen, aber das ist für ein Anfängermodell kein Nachteil, denn so bremst sich das Modell immer wieder bis auf eine für den Anfänger vernünftige Geschwindigkeit ab.

Um das Verhalten des Pedro bei einem Strömungsabriss zu testen, wird das Modell in Sicherheitshöhe ganz langsam gemacht. Dazu zieht man den Höhenruderknüppel ganz langsam nach hinten. Immer so weit, dass das Modell langsamer wird, aber nicht nach oben wegsteigt. Irgendwann fliegt es dann kaum noch vorwärts. Das ist dann der Mo-

Nach einer gelungenen Landung hat das Modell etwas Ruhe auf dem Flugplatzrasen verdient. Der Pilot braucht es auch.

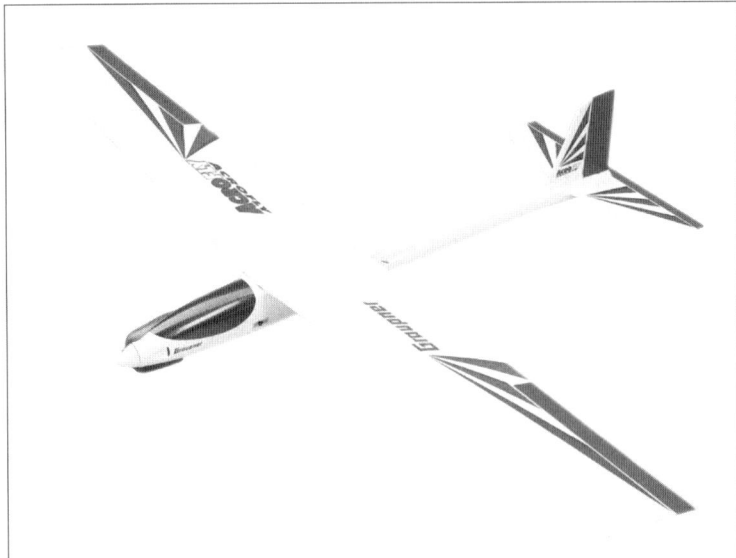

Der Acrofly basiert auf dem Rumpf und den Leitwerken des Pedro, hat aber einen kleineren Flügel mit 160 cm Spannweite und Querruder. Damit wird er zum kleinen Hotliner mit Kunstflugambitionen. Vielleicht das nächste Modell nach dem Pedro?

ment der Wahrheit. Wenn das Modell nun nach rechts oder links abkippt und in eine Steilspirale geht, hilft nur noch das Loslassen des Knüppels und langsam mit dem Höhenruder abfangen, wenn der Flieger wieder Fahrt aufgenommen hat.

Der Pedro dagegen nimmt bei Minimalgeschwindigkeit nur noch leicht die Nase runter und fliegt wieder geradeaus. Vorbildlich! Wenn dieser Test bestanden ist, kann man wieder normal weiterfliegen. Der Test ist übrigens nichts für den Anfänger, sondern der sollte sich gleich angewöhnen, immer genug Geschwindigkeit zu halten. Für den Fluglehrer ist es aber schon wichtig, einmal zu sehen, wie sich das Modell verhält. Weitere Tipps zum Erstflug und allen weiteren Flügen finden Sie im Kapitel „Wie lerne ich Modellfliegen?".

Fazit

Der Pedro von Graupner erfüllt die Anforderungen an einen Elektrosegler für den Einsteiger in fast idealer Weise. Er ist robust, einfach aufzubauen und fliegt nahezu narrensicher. Wenn die Experten bemängeln, dass das dicke Flügelprofil das Modell nicht schnell werden lässt und der Pedro im Schnellflug einfach nur Höhe verliert, so muss man sagen, dass gerade diese Eigenschaft für den Einsteiger ideal ist. So wird er nie überfordert.

Mit dem ECO-Antrieb kann man schon fliegen, der Power-Motor zum gleichen Preis ist vielleicht doch die bessere Wahl, besonders wenn man sich auf sechs oder sieben Zellen beschränken will. Noch besser geht es natürlich mit dem Getriebemotor, der aber auch seinen Preis hat. Vielleicht haben Sie ja noch einen Geburtstags- oder Weihnachtswunsch frei? Besonders interessant ist die Option, andere Flächen auf den Pedro zu schnallen. Da Graupner ein Vielzahl von Modellen mit diesem Rumpf anbietet, kann man entweder

die Ersatzflächen dieser Modelle besorgen und den Pedro aufrüsten oder man kauft doch gleich das nächstgrößere Modell komplett und hat für den Fall der Fälle schon einmal einen Ersatzrumpf parat. So kann man schnell und ohne zusätzlich teure Komponenten zu kaufen aus dem Pedro ein Kunstflugmodell oder einen Elektrosegler mit größerer Spannweite und Querrudern bauen. Ein solches Baukastensystem findet man wohl bei keinem anderen Hersteller.

Vicky von Multiplex

Zum Glück schreibt kein Gesetz vor, dass nur das Neue gut sein kann, und deshalb haben auch Modelle wie die Vicky von Multiplex eine Chance. Nicht, dass das Modell überholt wäre, aber es lehnt sich doch in allem an die Modelle aus der Frühzeit der Modellfliegerei an, auch wenn teilweise modernere Werkstoffe benutzt werden.

Diese alten Konstruktionen hatten aber durchaus ihre guten Seiten. In den Zeiten des Freiflugs oder auch als es die ersten, sehr unzuverlässigen Fernsteuerungen gab, musste das Modell schon selbst fliegen und,

Ein Modell wie aus der Anfangszeit der Modellfliegerei, aber trotzdem hochaktuell: die Vicky von Multiplex.

77

Kleiner Mann mit großem Modell. Mein Sohn Felix ist noch lange keine 160 cm groß, wie man an der Spannweite des Modells sehen kann.

wenn es einmal ausgetrimmt war, allein seine Runden ziehen können. Deshalb konstruierte man robuste, leichte und eigenstabil fliegende Modelle, die relativ groß waren, damit die Flächenbelastung im Rahmen blieb. Allzu robust durften sie aber auch nicht sein, denn sonst wird's zu schwer – deshalb musste man die Modelle leicht einmal reparieren können.

All das hat die Vicky auch. 160 cm Spannweite bei 22 cm Flächentiefe ergeben einen riesigen Flügel, der, wenn man nachrechnet, noch mehr Fläche als der des Pedro hat. Trotzdem ist alles sehr leicht und das Gesamtgewicht der Vicky bewegt sich auf gleichem Niveau wie beim Pedro. Dazu kommen noch ein voluminöser Rumpf und ein stabiles Fahrwerk, das den Rumpf bei der Landung schützen soll. Die Enge eines aerodynamisch optimierten Seglerrumpfes kennt Vicky nicht und Minikomponenten sind daher ganz unnötig.

Empfohlen wird ein Getriebeantrieb, der das Modell mit einem großen Propeller langsam, aber stetig in den Himmel ziehen soll.

Auch das ist sinnvoll, denn den Propeller des Pedro würde man an diesem Rumpf gar nicht wiederfinden. Da passt der 11×7"-Riesenquirl, den der Permax 600 nur mithilfe eines 3:1-Untersetzungsgetriebes bewegen kann, schon viel besser zu der alten Lady.

Aufbau des Modells

Genug der Vorrede, jetzt geht es an den „Bausatz" der Vicky. In einem großen Karton finden wir als Erstes den Rumpf, dessen Dimensionen schon beeindrucken. Das Vorderteil ist aus 5 mm starkem Balsaholz gebaut, ab der Flügelauflage dominiert dann ein Fachwerk aus 5×5-mm-Balsaleisten, die dafür sorgen, dass die hintere Rumpfhälfte leicht und doch stabil ist. 112 g sind wirklich nicht viel für dieses Trumm, aber trotzdem macht alles einen soliden Eindruck. In dem Gewicht ist bereits die Folienbespannung enthalten, die überall sauber aufgebügelt ist. Ebenso ordentlich erscheint die Folie bei Fläche und Leitwerken, das gelingt auch einem routinierten Modellbauer nicht besser. Die Leitwerke sind aus stabilen Balsaleisten ebenfalls leicht und verdrehsteif gebaut. Die Ruder aus massiven Brettern sind verzugsfrei und schon mit einem Folienscharnier passend angeschlagen.

Die Tragflächen bestehen aus zwei Hälften, da der Karton sonst wohl zu riesig geworden wäre. Auch hier ist die Bauausführung nahezu perfekt. Lediglich an der linken Nasenleiste gibt es einen kleinen Spalt, aber der hat keinen Einfluss auf die Stabilität des Modells. Die klassische Holm-Rippen-Bauweise offenbart sich dem Modellflieger hier sehr schön.

Der elliptische Randbogen, den solch ein Modell einfach braucht, ist aus einem großen Sperrholzbrett gesägt, dem die Konstrukteure sogar kreisrunde Aussparungen zur Gewichtsminderung verpasst haben. All das sieht so aus, als hätte es ein Modellbauer für sich gemacht, und es kommt gar nicht erst der Eindruck eines industriell hergestellten Modells

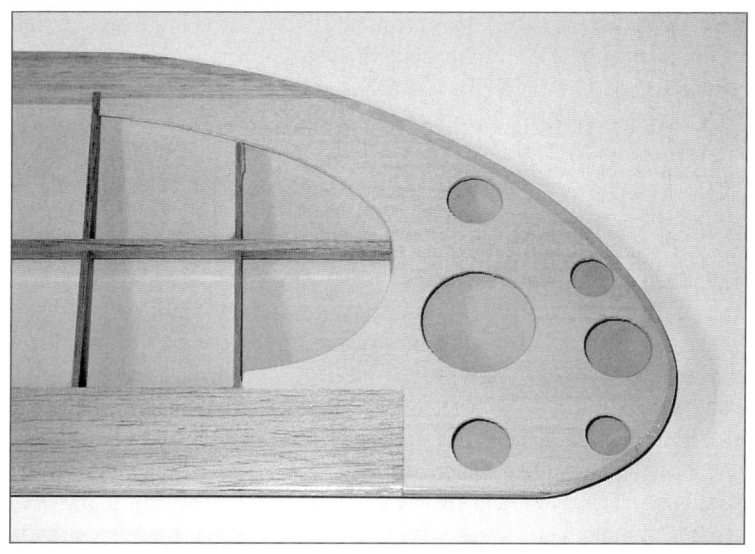

Perfekter Modellbau selbst im Detail. Der Randbogen der Vicky ist aus Sperrholz mit vielen Erleichterungsbohrungen. So sauber baut manch ein Profi nicht.

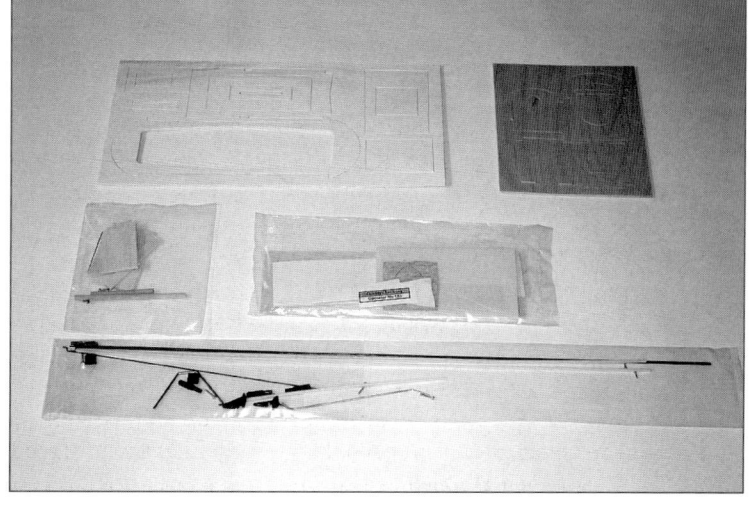

Auch im Bausatz der Vicky gibt es nur wenige Kleinteile zur Vervollständigung des Modells. Es fehlt aber nichts.

auf. Neben den großen Teilen enthält der Bausatz alles weitere, was zur Fertigstellung der Vicky benötigt wird: Die Ruderanlenkungen und Bowdenzüge liegen ebenso bei wie das fertig gebogene Fahrwerk mit Leichträdern und die Gummiringe zur Flächenbefestigung. Für das etwas diffizile obere Rumpfvorderteil hat man sich etwas Besonderes einfallen lassen.

Ein glasklares Tiefziehteil bildet in einer Einheit die Abdeckung des Motors und die Frontscheibe des Modells. Die ganze Einheit bleibt abnehmbar, damit man beim Elektroflugmodell leichter den Akku wechseln kann. Eine Besonderheit der Vicky ist die Tatsache, dass man sie sowohl als Elektroflieger wie als Verbrennermodell betreiben kann. Es sind für beide Versionen sämtliche Teile im Bausatz enthalten und die Bauanleitung beschreibt beide Varianten. Übrigens besteht die Bauanleitung einmal aus einem fünfsprachigen Heft und einem zweiten Heft mit Baustufenzeichnungen. Die deutsche Baubeschreibung umfasst gerade einmal fünf Seiten, inklusive der ausführlichen Stückliste, aber in jeder Baustufe kann man sich sehr gut an der dazugehörigen Zeichnung orientieren. Ein gutes System, finde ich, mit dem auch ein Anfänger zurechtkommt.

Montage

Im Gegensatz zum extrem gut vorbereiteten Pedro gibt es an der Vicky doch etwas mehr zu bauen. Die einzelnen Bauschritte sind sehr ausführlich erläutert, sodass wir sie hier nicht noch einmal durchkauen wollen, sondern uns auf die kritischen Punkte konzentrieren können.

Da wäre einmal der Klebstoff, denn dazu erwähnt die Bauanleitung am Anfang nur sehr beiläufig, dass man 5-Minuten-Epoxy benötigt. Damit kann man tatsächlich alle Klebungen ausführen, aber er ist doch sehr umständlich in der Handhabung, muss man doch für jeden Bauschritt wieder neuen Kleber anrühren.

Beim Testmodell habe ich daher die weniger belasteten Klebestellen mit mittelviskosem Sekundenkleber ausgeführt. Das geht einfacher und schneller und ist auch noch leichter als das Epoxidharz. Eine Alternative ist Weißleim, da fast nur Holzteile miteinander verklebt werden, aber der braucht immer wieder lange Trockenzeiten, in denen die Teile auch noch fixiert werden müssen.

Sehr gut dagegen ist der Ratschlag der Bauanleitung, zu verklebende Teile erst einmal trocken einzusetzen, um zu sehen, ob alles passt. Holz ist eben ein lebendiger Werkstoff,

Dieser kleine Spalt am Höhenleitwerk hat sicher keine Auswirkungen auf die Stabilität des Modells. Mehr „Mängel" waren, auch mit kritischem Auge, wirklich nicht zu finden.

und da sind kleine Ungenauigkeiten vorprogrammiert. Daher sollte man immer etwas
Schleifpapier zur Hand haben. Die gestanzten
Holzkleinteile passen im Großen und Ganzen,
sollten jedoch vor dem Einbau an den Kanten
verputzt werden. Generell ist eine Säge nicht
nötig, aber die Innenteile des zweiten Spants
sitzen so fest, dass man sie ohne eine Laubsäge nicht heraustrennen kann. Da sie beim Verbrennermodell im Spant verbleiben, müssen
sie dort so fest sitzen, für den Elektroflieger
wäre es anders besser. Die Leitwerke passen
dagegen vorzüglich und es ist eine Freude,
wenn sie erst einmal auf dem Rumpf sitzen.
Hier muss genau gearbeitet werden, damit
sie rechtwinklig zueinander und zum Rumpf
sitzen, darauf weist die Bauanleitung deutlich
hin. Die beiden Flächenhälften werden mithilfe von zwei Sperrholzverbindern zusammengesetzt. An dieser wichtigen Stelle verwendet
man am besten tatsächlich 5-Minuten-Epoxy,
um vor Überraschungen sicher zu sein. Hier
kann man gar nicht sorgfältig genug arbeiten
und sollte die Verbinder erst einmal trocken
einsetzen und eventuell bearbeiten, bis alles
passt. Danach klebt man die Verbinder nur
in einer Flächenhälfte ein und setzt erst nach
dem Trocknen die zweite Flächenhälfte an.
Sonst reichen zwei Hände einfach nicht aus.

Fahrwerk
Das Fahrwerk besteht – einfach, aber effektiv
– aus einem 4-mm-Stahldraht mit Rädern mit
60 mm Durchmesser. Zur Befestigung im
Rumpf wird der vordere Flächenspant mit
einer Aufnahme aufgedoppelt, die schon vor-
gestanzt ist. Da der Spant nach hinten geneigt
eingebaut ist, sitzt das Fahrwerk vor der Nasenleiste des Flügels, was sichere Starts verspricht. Die Räder werden mit einem kleinen
Stückchen Kunststoffrohr, das auf dem Stahl
verklebt ist, gesichert.

Fernsteuerungseinbau
Der Einbau der Fernsteuerung ist einfach, auch
große Komponenten passen ohne Tricks. Die
alten, aber noch zuverlässigen Robbe-Servos
aus meinem Bestand waren sogar noch größer
als der Ausschnitt im Servobrett, aber das ist
kein Problem, wenn man es bemerkt, bevor
das Brett eingeklebt wird. Die Gestänge aus
1,5-mm-Stahldraht sind fast passend lang und
mussten nur um ca. 15 mm gekürzt werden.
Die Gabelköpfe und Ruderhörner sind zwar
kein Hightech, aber für ein Modell wie die
Vicky absolut o.k. Unter der Akkurutsche ist
auch für den größten Empfänger noch reichlich Platz und er ist hier zudem gut geschützt.

Bei der Vicky ist die Servomontage ebenfalls vorbildlich. Selbst die großen Robbe-Servos wirken in diesem Rumpf noch klein.

Damit er nicht hin und her fliegt, ist er mit Klettband gesichert.

Motoreinbau

Problematisch wird es erst, wenn es an den Einbau des Elektromotors geht, denn ganz offensichtlich haben die Konstrukteure der Vicky in erster Linie an den Verbrenner gedacht. Sonst hätte man wohl den festen Frontspant etwas weiter ausgespart und dem dahinter liegenden Motorspant schon Markierungen für die Befestigungsbohrungen spendiert. Damit wäre der Motoreinbau ein Klacks gewesen. So muss man sich die richtige Position für die drei Bohrungen erst mühsam ausmessen und sich, da die beiliegenden Schrauben für die beiden zusammengeklebten Spanten zu kurz sind, längere Schrauben suchen oder den ersten Spant auch noch passend durchbohren. Das ist selbst für einen routinierten Modellbauer nicht ganz einfach und eine eher lästige Arbeit.

Die von Multiplex angebotene Motor-Getriebe-Kombination, der Permax 600 P mit einem 3:1-Untersetzungsgetriebe, ist wieder eine ganz solide Sache. Der Motor in seiner 7,2-Volt-Version ist dem Motor des Pedro, abgesehen von der schwarzen Farbe, sehr ähnlich, hat aber ein andere Ankerwicklung und ist damit höhertourig und hat ein geringeres Drehmoment. Dieser Nachteil wird jedoch durch das Getriebe ausgeglichen. So kann der Motor bei ähnlicher Stromaufnahme wie der Speed 600 ECO einen großen Propeller mit immerhin 11 Zoll, entspricht ca. 28 cm Durchmesser, in Bewegung versetzen.

Das Getriebegehäuse ist komplett aus glasfaserverstärktem Kunststoff, die Innereien, also die Zahnräder, sind dagegen aus Metall und die Achse läuft in zwei Kugellagern, die die Reibungsverluste niedrig halten sollen. Das Ganze macht den Eindruck, dass es für die Ewigkeit gebaut ist und ist seinen Preis wert. Leider erwähnt die Bauanleitung nicht, dass man noch einen Luftschraubenmitnehmer braucht, um den Propeller auf der Getriebeachse zu befestigen. Das sei an dieser Stelle nachgeholt. In Sachen Luftschraube gibt es auch noch Klärungsbedarf, spricht die Bauanleitung doch von einem 10×7-Propeller bei sieben Zellen und der Beipackzettel empfiehlt bei zehn Zellen einen 11×8-Propeller. Erste Strommessungen ergaben bei sieben Zellen

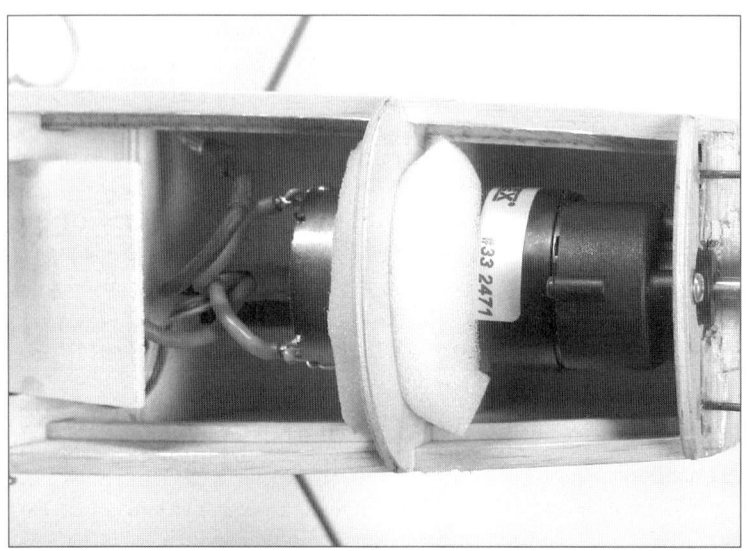

Ein Nachteil des großen Rumpfes: Bei Vibrationen wirkt er als Klangkörper und verstärkt das Geräusch. Deshalb ist der Motor am Spant 2 noch einmal mit Schaumstoff abgefangen. Damit wird das Modell deutlich leiser.

Zum Entstören wird am Motorgehäuse ein Kondensator angelötet. Dazu muss man das Gehäuse erst einmal anschleifen.

Und so sollte die Lötstelle dann aussehen. Jetzt muss man den Kondensator nur noch an die Anschlusslasche anlöten.

und dem 10×7-Prop eine Stromaufnahme von ca. 11 Ampere. Das ist sehr wenig und deshalb bekam das Testmodell für den Erstflug eine 11×7-Luftschraube. Auch damit liegt der Strom noch im unteren Bereich, der Motor fühlt sich sicher auch mit 18– 20 Ampere noch wohl. Der Beipackzettel des Motors weist ferner darauf hin, dass der Motor zu entstören sei. Die dazu notwendigen Bauteile liegen dem Satz bei und es wird auch eine Anleitung gegeben, wie man die Kondensatoren zu verlöten hat. Besondere Sorgfalt sollte man auf das Verlöten am Motorgehäuse verwenden und dafür nur mit einem ganz heißen Lötkolben arbeiten. Zu leicht ergibt sich gerade hier eine kalte Lötstelle, die sich schnell wieder löst. Da der Motorspant für die Verbrennerversion nicht relevant ist, weist er auch nur etwas Motorsturz und leider keinen Seitenzug auf. Ob das ausreicht, wird die Flugerprobung zeigen.

Flächen- und Motorhaubenbefestigung
Die Flächenbefestigung mit Gummiringen wird sicher bei einigen Piloten zum Naserümpfen führen, aber das ist so schon in Ordnung. Die flexible Verbindung von Rumpf und Fläche hat sich gerade im Falle eines leichten Absturzes oder einer unsanften Landung oft als Retter des Modells erwiesen.

Die abnehmbare Motorhaube, an sich eine sehr gute Idee, bereitet ein Problem. Wenn man der Anleitung folgt, wird sie auf das vordere Rundholz der Flächenbefestigung gesteckt und mit vier Schrauben an den Rumpf geschraubt. Für ein Verbrennermodell ist das wunderbar, denn hier wird die Haube im Laufe des Modelllebens wohl nicht mehr entfernt, aber der Elektroflieger muss sie zu jedem Akkuwechsel abnehmen. Das hieße dann, zum Akkuwechsel vier Schrauben lösen, die Flächengummis abnehmen, den Akku wechseln, die Gummis wieder befestigen und dann die Schrauben wieder finden und anschrauben. Das klingt kompliziert und langwierig und ist es auch.

Deshalb an dieser Stelle meine Lösung: Am Frontspant wird die Haube zweimal durchbohrt und durch diese Bohrung werden zwei Metallstifte in dem Spant verklebt. Damit die Haube nicht ausreißt, sind beim Test-

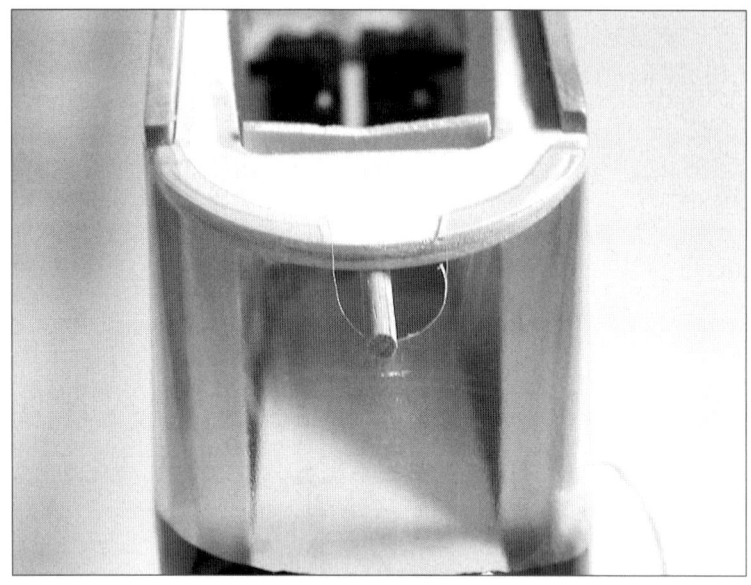

Im Bereich des Flächenpins ist die Kabinenhaube groß ausgespart, damit man sie auch noch abnehmen kann, wenn die Flächengummis befestigt sind. So spart man sich eine Menge Arbeit beim Akkuwechsel.

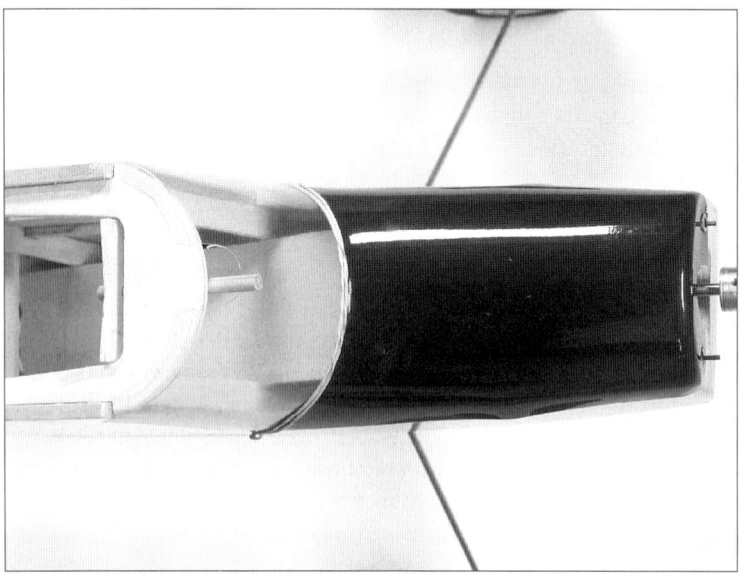

Am unteren Bildrand sieht man deutlich die beiden Stifte, auf die die Haube von vorn geschoben wird. Der gelbe Gummiring, der die Haube sichert, liegt genau im Übergang zwischen dem schwarzen und dem transparenten Teil der Haube und fällt daher kaum auf.

modell noch zwei Unterlegscheiben auf den Kunststoff geklebt. Im Bereich des Rundholzes für die Fläche wird die Haube großzügig ausgespart, sodass man sie bequem entfernen kann, auch wenn die Gummis noch auf dem Stab sind. Jetzt kann man die Haube einfach von vorn auf die Stifte schieben und sie sitzt

schon ganz gut, ist aber noch nicht gesichert. Dazu schrauben wir jetzt noch zwei der Befestigungsschrauben so in den Rumpf, dass man die Haube mit einem Gummiring, der dann durch die Knickstelle zwischen waagerechtem und aufrechtem Teil verläuft, sichert. Optisch fällt das kaum auf, aber macht den Akkuwech-

Auch im Bereich der Ruder verläuft die Anlenkung ganz gradlinig – eine Grundvoraussetzung für leichtgängige und spielfreie Verbindungen.

sel deutlich komfortabler. Außerdem hat der Akku beim Absturz zumindest eine theoretische Chance, die Haube zu verschieben, um das Modell zu verlassen. Bei der Bausatzausführung muss er sie einfach zerstören.

Abschlussarbeiten

Das Einstellen der Ruderausschläge gemäß Bauanleitung geht mithilfe des Computersenders, der diesmal das Modell steuern sollte, schnell und einfach von der Hand und auch die Akkurutsche und der Akku sind schnell eingebaut. Der Schwerpunkt ergab sich beim Testmodell automatisch, wenn der Akku in der hintersten Position ist. So soll's sein! Eine Vorgabe für die Einstellwinkeldifferenz finden wir in der Bauanleitung nicht, also nehmen wir das Gegebene erst einmal so hin.

Nach dem Reichweitentest steht dem Erstflug eigentlich nur noch die Tatsache im Wege, dass die Haube nicht lackiert ist. „Aber das stört doch keinen großen Geist!", sagt mein Sohn in Anlehnung an eine Kinderbuchfigur von Astrid Lindgren und drängt auf den Erstflug, schließlich ist das Wetter gerade sehr

gut für das Vorhaben geeignet. Also soll die Vicky gut 48 Stunden nach dem Öffnen des Bausatzes und nach etwa sechs Bastelstunden schon die erste Feuerprobe bestehen und sich in die Lüfte erheben.

Erstflug

Bei fast idealem Wetter geht es mit der Vicky zum Modellflugplatz. Vorsichtshalber werden noch einige Fotos geschossen, man kann ja nie wissen, aber dann naht unaufhaltsam der Moment der Wahrheit. Ein volles Siebenerpack kommt ins Modell und es werden die üblichen Prozeduren gemäß der Checkliste „Erstflug" einschließlich einem Reichweitentest durchgeführt.

Ob Sie's glauben oder nicht, auch einem erfahrenen Piloten schlackern beim Erstflug etwas die Knie. Bei manchen Modellen mehr, bei anderen weniger, aber doch immer etwas. Eigentlich kann bei der Vicky ja nichts schief gehen, aber es wäre doch schade, wenn das schöne Modell Schaden nehmen würde. Trotzdem, auf dem Platz wird der Flieger gegen den leichten Wind ausgerichtet und Vollgas

Perfekte äußere Bedingungen zwingen einen quasi zum Erstflug. Da stört es auch nicht, dass der vordere Teil der Haube noch unlackiert ist.

Mit solch einem Oldtimer ist Schnellfliegen verpönt. Schöner sind da niedrige Vorbeiflüge mit gedrosseltem Motor.

gegeben. Langsam rollt die Vicky an, die relativ kleinen Räder haben etwas Probleme mit dem Rasen, aber die Fuhre kommt in Fahrt und nach ca. 40 m Rollstrecke ist die Vicky in der Luft. Wenn der Rollwiderstand erst einmal überwunden ist, merkt man, dass die Leistung des Getriebeantriebes durchaus ausreicht, um das Modell sicher in die Luft zu bekommen.

In ca. 100 m Sicherheitshöhe angekommen, kann erst einmal gedrosselt werden, um alle Ruder mithilfe der Trimmung am Sender so einzustellen, dass der Flieger auch ohne Steuerimpulse einigen Sekunden allein fliegen kann. Viel Arbeit gibt es dabei nicht, denn sowohl das Höhenruder als auch das Seitenruder passen nahezu. Ein Indiz dafür, dass das Modell sauber und ohne Verzüge gebaut ist und auch der Schwerpunkt und die Einstellwinkeldifferenz stimmen.

Mit Halbgas lässt sich gemütlich kreisen, ohne dass die Vicky dabei Höhe verliert. Im Gegenteil, an einigen Stellen geht es immer noch aufwärts. Sollte da Thermik sein? Also einfach einmal den Motor abstellen und langsam große Kreise fliegen. Siehe da, sie geht wirklich hoch!

Mithilfe dieser Thermik dauert der Erstflug dann über 20 Minuten, und nachdem der Drehzahlsteller den Motor abgestellt hat, weil der Akku leer war, hatte ich mich so weit an das Modell gewöhnt, dass die Landung wohl kein Problem mehr sein sollte. Anders als viele andere Motorflugmodelle braucht die Vicky zu Landung keine Motorleistung. Sie segelt halt wie ein Motorsegler und kommt so schön gerade und langsam herein, wie man es sich wünscht.

Durch das hohe Fahrwerk ist der Rumpf gut geschützt, und wenn das Modell mal nicht ganz gerade liegt, ist das nicht schlimm, schließlich haben die Randbögen ca. 35 cm Bodenfreiheit. Beim reinen Motorsegler kann das schon eher mal schwierig werden.

Wenn ein Erstflug so problemlos verläuft, müssen natürlich gleich noch weitere Flüge folgen und am Ende des Tages standen sechs Flüge mit der Vicky auf dem Zettel. Gesamtflugzeit für das Modell nach dem ersten Tag: 90 Minuten. Der Einsteiger wird das sicher etwas ruhiger angehen, damit nach einem Flug der Adrenalinspiegel erst einmal wieder auf Normalniveau kommt.

Mit sieben alten 1.700-mAh-Sub-C-Zellen bleibt die Vicky ohne Thermikeinfluss ca. 10–12 Minuten in der Luft, mit acht neuen Zellen der Größe 4/5 Sub-C mit einer Kapazität von 1.600 mAh sind es sogar über 15 Minuten. Gar nicht auszudenken, wie lange das Modell mit 3.300-mAh-Zellen fliegen würde. Da ist locker eine halbe Stunde möglich.

Aber die Achterpacks mit 1.600 mAh sind dann doch schnell meine Favoriten geworden, denn mit acht Zellen ist die Startstrecke noch kürzer und der Steigflug noch steiler. Nicht, dass man die Zusatzleistung wirklich braucht, aber es ist doch gut zu wissen, dass man sie hat, und drosseln kann man immer noch.

Zu der kürzeren Startstrecke trugen auch die größeren Räder bei, die die Vicky bekommen hat. Damit ist sie einfach geländegängiger und rollt auf Rasen leichter.

Auch die weitere Flugerprobung zeigte, dass die Vicky ein wirklich gutmütiges Arbeitstier ist, das alle Belastungen klaglos wegsteckt. Mit acht Zellen kann man auch einmal einen kleinen Schleudersegler im F-Schlepp auf Höhe bringen. Dann muss der Motor zwar 2–3 Minuten am Stück bei Volllast schuften, aber das verträgt er ganz gut, wenn er sich danach im Segelflug bis zur Landung ausruhen darf und dabei etwas abkühlt. Auch diese Übung ist eher etwas für den Könner.

Die Kombination Motor und Getriebe zusammen mit dem großen 11×7-Propeller hat sich übrigens sehr gut bewährt. Nach der Landung bin ich schon öfter gefragt worden, ob da immer noch der Permax-600-Motor eingebaut ist. Das Modell geht doch so gut, dass man es dem Antrieb kaum zutraut. Es muss also nicht immer ein teurer Cobalt-Samarium-Motor oder gar ein Bürstenloser sein.

Nach dem Wechsel auf die größeren Räder braucht die Vicky noch weniger Startstrecke vom Rasen. Der Gewichtsunterschied ist minimal und im Flug nicht zu spüren.

Die Flugeigenschaften der Vicky sind über jeden Zweifel erhaben. Sie geht auch ohne Querruder gut durch die Kurven und im Langsamflug muss ein Strömungsabriss wirklich provoziert werden. Allerdings ist sie nicht 100%ig eigenstabil, d.h., eine Kurve muss sowohl eingeleitet als auch mit Gegenruder ausgeleitet werden. Aber das ist bei den meisten Modellen so und verführt gar nicht erst zur Bequemlichkeit. Auch Wind stellt für dieses Modell kein Problem dar. Bei starkem Gegenwind hebt sie schon nach einigen Metern von der Piste ab und lediglich zur Landung muss man vorsichtig Tiefenruder geben, damit sie überhaupt noch vorankommt.

Weitere Tipps für den Flug finden Sie im Kapitel „Wie lerne ich Modellfliegen?".

Fazit

Vicky ist ein Motorsegler mit dem Aussehen einer Motormaschine. Die Flugeigenschaften sind durchaus für die Anfängerschulung geeignet, da das Modell hinreichend stabil ist und jederzeit berechenbar fliegt. Überraschungen gibt es nicht und durch die langen erreichbaren Flugzeiten haben Lehrer und Schüler ausreichend Zeit, das Steuern des Modells zu üben.

Das ARF-Modell ist sehr gut vorbereitet, lediglich der Einbau des Elektromotors hätte von den Konstrukteuren etwas besser durchdacht und vorbereitet sein können. Hier gefallen die Lösungen des Pedro deutlich besser.

So hat Graupner die Messlatte eben sehr hoch gesteckt, aber auch die Vicky ist ein wirklich gelungenes Modell.

Wichtiger noch: Bei beiden Modellen passt die Antriebsempfehlung wie die berühmte Faust aufs Auge. Der Pedro ist mit dem ECO-Set gut unterwegs und mit dem Power-Set kann man auch mit sechs Zellen sicher steigen. Die Antriebsempfehlung für die Vicky könnte kaum besser sein. Den Gedanken an einen anderen Motor darf man getrost gleich verwerfen, noch besser kann es eigentlich nicht passen und eine zusätzliche Investition wird kaum als Flugspaß zurückkommen.

Wo findet man Hilfe?

Diese Frage ist natürlich ganz entscheidend, denn niemand kann so richtig ausschließen, dass man einmal am Ende seiner Weisheit ist.

Auch bei einem gut ausgestatteten und vorbereiteten ARF-Modell kann es dazu kommen, dass der angehende Modellflieger einfach nicht mehr weiterweiß, auch wenn man die Bauanleitung dreimal vor und zurück gelesen hat.

Eine Telefon-Hotline, wie bei den meisten Computerartikeln, hilft hier nicht so richtig weiter, denn die Probleme sind in den seltensten Fällen gut am Telefon zu klären und eine intensive Kommunikation per E-Mail, eventuell auch mit Bildern, ist sehr mühselig und langwierig. Im Klartext: Richtig helfen kann man nur, wenn das Problem offen auf dem Tisch liegt und der Neuling zusammen mit einem erfahrenen Modellbauer eine Lösung sucht. Das ist dann die Sternstunde des schon so oft erwähnten Fachhändlers vor Ort. Dorthin kann ich mit meinem Modell gehen und ihm am Objekt zeigen, wo ich das Problem habe. In den meisten Fällen wird er eine Lösung parat haben oder sich wenigstens entsprechend kundig machen. Dass der Händler nicht begeistert ist, wenn man ihn mit

Die Pilatus Porter von Andreas Fischer entstammt einem ARF-Bausatz von Jamara. Über alle Achsen gesteuert, ist sie aber doch eher etwas für den routinierten Piloten.

Problemen behelligt, obwohl er das Modell gar nicht verkauft hat, kann sich wohl ein jeder ausmalen. Vielleicht rächt es sich sogar, dass man ihn wegen der letzten 5 Euro beim Preis übergangen hat, aber das ist wohl nur menschlich.

Auch sollte man etwas Geduld aufbringen und nicht gerade zur geschäftigsten Zeit, wenn die Kunden im Laden Schlange stehen, langwierige Diskussionen beginnen.

Die weitere Möglichkeit sind natürlich andere Modellflieger. Im nächsten Kapitel, in dem es um das Erlernen geht, kommen wir noch deutlicher darauf zu sprechen. Ein Besuch beim nächsten Modellflugverein wird sicher auch helfen. Dort finden sich immer mehr oder weniger erfahrene Modellflieger, die dem Ratlosen weiterhelfen können und für die meisten Probleme, die dem Unerfahrenen unüberwindlich vorkommen, eine Lösung wissen. Die Probleme, die ein Einsteiger bei einem ARF-Modell sieht, sind in den wenigsten Fällen so gravierend, dass man sie nicht schnell und einfach lösen könnte.

Es ist wirklich das Beste, man sucht sich einen Mentor, der dem Einsteiger schon beim Bau des Modells zur Seite steht und ihm auch das Fliegen beibringt. Mit etwas gutem Willen wird man in jedem Verein eine solche Person finden und so wichtige und vor allem kostenlose Ratschläge bekommen. Moderne Menschen suchen natürlich Rat im Internet.

Dort gibt es immer und überall Hilfe für alle Probleme, die ein Mensch nur haben könnte, und natürlich auch unendlich viele Seiten für Modellbauer. Vorab kann man sich in epischer Breite über das richtige Modell und den richtigen Einstieg informieren und auch später wird man nicht allein gelassen. Das Zauberwort heißt hier Diskussionsforum. Das muss man sich wie einen virtuellen Stammtisch vorstellen, an dem alles und jedes diskutiert wird. Aber Vorsicht! Der Vergleich mit dem Stammtisch ist gar nicht so abwegig. So wie es an Deutschlands Stammtischen Millionen von selbst ernannten Fußballtrainern gibt, so gibt es auch in den Diskussionsforen viele selbst ernannte Gurus, die viel theoretisieren, aber kaum etwas in der Praxis leisten, und oft beendet man eine Suche oder die Diskussion in einem Forum mit einer deutlich gesteigerten Verwirrung statt mit einer Lösung. Hier ist also Vorsicht und kritisches Bewerten angesagt.

Da ist mir doch der leibhaftige Modellbauer als Informationsquelle lieber, dessen Modell ich auch fliegen gesehen habe und den ich persönlich kenne. Aber vielleicht bin ich ja nur altmodisch ...

Hilfreich sind ebenso Fachzeitschriften wie die FMT oder die FMT-Extras sowie die Bücher aus dem Programm des Verlages für Technik und Handwerk, in dem auch das Buch erscheint, das Sie gerade in Händen halten.

Fliegen lernen

So, jetzt wissen wir also, welches Modell man für den Einstieg braucht, wo wir es bekommen und wie man es erfolgreich montiert. Das passende Fluggelände ist auch schon gefunden, nun mangelt es nur noch am Wichtigsten: Wie lerne ich das Fliegen?

Hätten wir uns für Modellautos oder -schiffe entschieden, wäre das sicher keine Frage. Das Auto stellen wir einfach auf die Straße und geben vorsichtig Gas. Dann wird es sich schon bewegen und wenn es nicht ganz das tut, was wir wollen, nehmen wir das Gas wieder zurück und das Auto steht. Und wenn wir doch einmal den Bordstein touchieren,

ist das nicht gleich eine Katastrophe. Ganz so einfach ist das beim Fliegen leider nicht! Wenn das Flugzeug einmal in der Luft ist, müssen wir auch zusehen, dass wir es wieder heil auf den Boden zurückbekommen, und, das sei vorausgeschickt, die Landung ist die schwerste aller Flugfiguren.

Im Verein

Ebenso wie beim Bau des Modells ist es wohl das Beste, wenn man als Anfänger einen erfahrenen Piloten an seiner Seite hat,

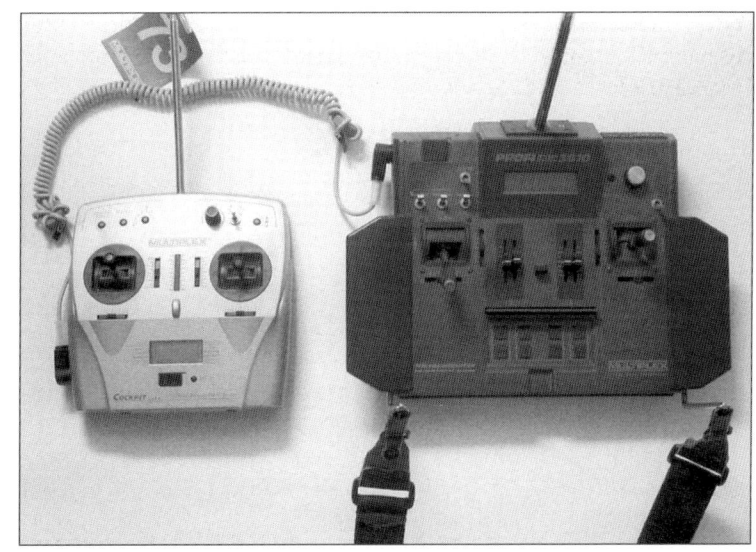

Eine typische Lehrer-Schüler-Konfiguration von Multiplex. Mit der Nabelschnur hängt der Flugschüler am Lehrersender.

der einen an die Hand nimmt und auch das Modell noch einmal überprüft und einstellt. Diesen Mentor findet man am ehesten im nächsten Modellflugverein, der mit seinem Flugplatz dann auch das beste Gelände für die ersten Flugversuche zur Verfügung hat. Den Modellflugverein und eine entsprechende Ansprechperson kennt der lokale Modellbauhändler sicherlich. Außerdem kann man sich mit den beiden Verbänden DMFV und DaeC in Verbindung setzen, die den interessierten Anfragern auch die Adressen der nächstliegenden Vereine nennen können.

Bei dem Verein kann man sich dann schon einmal mit den üblichen Prozeduren vertraut machen und sehen, was dort üblicherweise geflogen wird. Es ist durchaus ratsam, das schon zu tun, bevor man Modell und Fernsteuerung einkauft. Die Modellflieger sind häufig die neutralste Stelle für Informationen, da sie einerseits zwar daran interessiert sind, Mitglieder zu bekommen, aber andererseits keine wirtschaftlichen Interessen haben.

Bei der Auswahl der Fernsteuerung kann es ebenfalls vorteilhaft sein, sich mit einem potenziellen Mentor abzustimmen. Nur wenn man Sender des gleichen Fabrikat hat, ist ein Lehrer-Schüler-Betrieb möglich, der das Lernen erleichtert. Wenn all diese Punkte geklärt sind und der Einsteiger mit dem neuen Modell voller Erwartung das erste Mal zum Flugplatz kommt, beginnt die Stunde der Wahrheit, aber auch der Enttäuschungen. Glauben Sie nicht, dass Sie abends zu Hause berichten können, dass Sie heute das Modellfliegen gelernt haben und dass sich der derzeitige Weltmeister jetzt schon einmal warm anziehen kann.

Als Erstes sollte das Modell das Fliegen lernen. Schließlich ist es auch neu und hat noch keine Erfahrung. Ein seriöser Lehrer schaut sich das Modell eines Anfängers erst einmal kritisch an und prüft alle neuralgischen Punkte. Dabei wird er nicht überkritisch prüfen, aber schließlich hat er eine gewisse Verantwortung für das Modell. Garantien kann er allerdings nicht geben. Ich habe schon viele Modelle für andere Piloten, Einsteiger ebenso wie Fortgeschrittene, eingeflogen und meistens ist es auch gut gegangen, aber es ist dabei auch schon zu Zwischenfällen gekommen. Um das weitestgehend auszuschließen, muss er das Modell einfach überprüfen und

Den Hispeed habe ich selbst konstruiert, ein kleiner Flitzer für alle Lebenslagen, der auch mit einem einfachen Motor guten Flugleistungen erbringt. Allerdings braucht man für solch einen Renner ein gutes Auge und eine geübte Hand am Sender.

Der Landwirtschaft zuliebe sollte man das Getreide nicht zu tief überfliegen. Das Risiko einer Aussenlandung ist zu groß.

er ist der Einzige, der entscheidet, ob er das Modell so fliegen will oder nicht. Im Prinzip wird er dabei den Schritten folgen, die auch die Checklisten „Erstflug" und „Start" im Anhang enthalten.

Er entscheidet auch, ob das Wetter für einen Erstflug geeignet ist. Einen leichten Segler oder einen Park-Flyer bei starkem Wind einzufliegen ist nicht sinnvoll und auch für die Schulung eines Anfängers müssen die Verhältnisse stimmen.

Wenn alles in Ordnung ist, folgt der Erstflug des Modells. Einen Motorsegler kann man dabei ohne Antrieb abwerfen, um schon einmal zu prüfen, ob der Schwerpunkt passt und das Modell geradeaus gleitet. Kleine-re Korrekturen sind dann mit der Trimmung möglich, größere Verzüge müssen in der Werkstatt behoben werden. Bei Park-Flyern oder Motorflugzeugen erübrigt sich dieser Test, da sie nicht dafür ausgelegt sind, im Gleitflug zu fliegen, sondern ihren Antrieb brauchen.

Weiter geht's, egal mit welchem Modell, mit dem motorisierten Erstflug. Dabei ist der Flugschüler zunächst nur gespannter Zuschauer, denn einerseits kann er noch nichts machen, andererseits ist es sein Modell da oben in der Luft und wenn etwas schief geht, ist es auch sein Risiko.

Der Lehrer wird erst einmal versuchen das Modell sicher zu starten und auf eine

Der Speed 400 der Multiplex Pico Cub erlaubt nur einen flachen Steigflug. Wenn man steiler steigen will, muss man auf den Getriebeantrieb wechseln.

gewisse Sicherheitshöhe zu bringen. Beim Motorsegler sind das vielleicht 100 m Höhe, bei Park-Flyer eher 20 m. Danach geht es darum, die Ruder so zu trimmen, dass das Modell möglichst von allein geradeaus fliegt und auch die Höhe einigermaßen hält. Der Elektrosegler sollte bei ausgeschaltetem Motor eigenstabil fliegen, die anderen Modelle mit gedrosseltem Motor. Außerdem testet der Einflieger die Ruderreaktionen. Sind die Ausschläge zu klein, ist das Modell zu träge und behäbig, sind die Ausschläge zu groß, ist es zu nervös und kann nicht beherrscht werden. Hier muss ein guter Kompromiss gefunden werden, der nach der Landung am Sender oder am Modell fixiert wird. Außerdem ist es sinnvoll, den Akku einmal leer zu fliegen, um ein Gefühl zu bekommen, wie lange das Modell in der Luft bleiben kann.

Die Landung sollte sich der Schüler besonders gut ansehen, um ein Gefühl für die richtige Einteilung zu bekommen.

Nachdem die notwendigen Korrekturen nach der Landung durchgeführt sind, kann ein zweiter Trimmflug notwendig sein oder aber der Lehrer entscheidet, dass der Unterricht beginnen soll. Dazu bringt er das Modell wieder auf Sicherheitshöhe und übergibt dann die Kontrolle an den Schüler, der mit vorsichtigen Ausschlägen das Steuern beginnt.

Dabei beginnt man mit dem, was das Modell eigentlich am besten selber kann: mit dem Geradeausflug ohne Höhenverlust. Wenn das Modell gut eingestellt ist, macht es das ganz allein und der Schüler lernt als erste Lektion, dass man nicht unbedingt etwas machen muss. Diese Erkenntnis ist wichtig, denn einer der häufigsten bei Fluganfängern beobachteten Fehler ist das Übersteuern, bei dem der Pilot auch dann schon eingreift, wenn sich das Modell noch selbst beruhigen würde.

Die nächste Lektion ist der Kurvenflug. Beim Automodell gibt man dazu nur einen Lenkausschlag und lässt dann den Knüppel wieder auf neutral zurück. Beim Flugmodell dagegen muss man die Kurve mit einem Ausschlag einleiten, dann mit leichtem Höhenruderausschlag halten und am Schluss mit einem kurzen Gegensteuern die Kurve wieder beenden. Die meisten Flugmodelle für Anfänger fliegen zwar irgendwann auch von selbst wieder geradeaus, aber meistens nicht genau in die Richtung, die wir brauchen. Das ist zwar in großer Höhe egal, aber wir haben ja nicht viel Geld für eine Fernsteuerung ausgegeben, damit uns das Modell seinen Willen aufzwingt, sondern dass es tut, was wir wollen.

Das mit dem Kurvenflug klingt zwar einfach, aber eine Kurve mit minimalem Höhenverlust zu fliegen braucht schon etwas Gefühl und Training. Während des Trainings wird der Lehrer dem Schüler Anweisungen und Ratschläge geben und ihm permanent sagen, was zu tun ist und wo eventuell der Fehler lag. Wenn der Schüler die Kontrolle zu verlieren

droht, wird der Lehrer wieder übernehmen und das Modell stabilisieren. Wie schon erwähnt, wird diese erste Lernphase beim Elektrosegler im Segelflug stattfinden, bei einem Motormodell oder einem Park-Flyer dagegen mit einer Motorstellung, die ausreicht, um Geschwindigkeit und Höhe zu halten.

Wenn der Elektrosegler dem Boden zu nahe kommt, wird es der Lehrer bei den ersten Flügen übernehmen und das Modell mithilfe des Motors wieder auf Sicherheitshöhe bringen, denn die Höhe ist die Lebensversicherung für das Modell, wenn der Schüler die Kontrolle verliert. Aufgrund der Schwerkraft strebt jedes Modell in einem unkontrollierten Flugzustand dem Boden entgegen und solange ausreichend Höhe vorhanden ist, hat der Pilot Zeit, das Modell wieder unter Kontrolle zu bringen. Deshalb wird sich der Lehrer noch für einige Zeit die Starts und Landungen vorbehalten, denn hier ist der Flieger so nah am Boden, dass er nicht mehr korrigierend ein-

Zum Start darf gelaufen werden. Bei der schnellen F 16 mit Impellerantrieb muss man dem Modell schon einigen Schwung mitgeben, damit der Start sicher gelingt.

greifen kann. Bis zum sicheren Erlernen des Kurvenflugs braucht es bestimmt eine ganze Weile und einige Akkuladungen. Dabei sollte man nicht den Fehler machen, nur Kurven in einer Richtung zu üben, sondern lieber Achten, also Kurven in beide Richtungen, fliegen. Die Zentren der Kurven sollten schon an genau vorgegebenen Stellen liegen und in der Mitte der Acht eine deutliche Strecke geradeaus geflogen werden.

Wenn der Schüler das Fliegen von Kurven beherrscht, ohne dabei viel Höhe zu verlieren, kommt als nächste Übung der Steigflug. Dabei wird Vollstrom gegeben und das Modell soll Höhe gewinnen, ohne dabei zu überziehen. Das bedeutet, das Modell sollte steigen und dabei eine konstante Geschwindigkeit halten. Beim Überziehen nimmt es die Nase hoch, verliert Geschwindigkeit und kurz vor dem Stillstand kippt es ab. Wenn das der Fall ist, sollte der Motorsturz noch erhöht werden oder man muss etwas mit dem Tiefenruder korrigieren. Beim Erreichen ausreichender

Höhe wird der Motor gedrosselt oder sogar abgeschaltet und man kann die Höhe wieder mit Achten abgleiten, bis man den nächsten Steigflug übt.

Wenn diese beiden Übungen sitzen, folgt der Start. Am einfachsten ist dabei der Handstart, den aber ein Helfer durchführen sollte. Dann kann sich der Pilot besser auf die Arbeit an den Knüppeln konzentrieren. Etwas Anlauf kann nicht schaden und dann wirft der Helfer das Modell mit einem leichten Schub waagerecht, gegen die Windrichtung, in die Luft. Danach ist es am Piloten, mit dem Höhenruder so zu steuern, dass das Modell, wie beim Steigflug geübt, mit konstanter Geschwindigkeit die Sicherheitshöhe erreicht.

Wenn nun das Starten und das Fliegen klappen, bleibt nur noch die Landung. Dazu übt man am Anfang am besten immer tiefere, langsame Überflüge über den Modellflugplatz. So bekommt man die Orientierung, wie man die Landung einzuteilen hat. Aber irgendwann wird es ernst und da kann der Fluglehrer auch

Ein lang gestreckter Landeanflug ist das A und O für eine sichere Landung. Schon lange vor dem Aufsetzen sollten die Flügel waagerecht liegen, so wie hier bei der Vicky, die gerade erst die Flugplatzkante überquert.

nicht mehr helfen, denn man muss sich dem Boden so weit annähern, dass ihm im Falle von Problemen auch keine Zeit mehr bliebe, rettend einzugreifen. Deshalb sollte man sich an das Landen auch erst wagen, wenn man alle anderen Übungen sicher beherrscht und das Wetter ideal für diese Übung ist. Zur Landung wird der Motor so weit gedrosselt, dass das Modell in einen langsamen Sinkflug übergeht und gegen den Wind auf den Platz zukommt. Bei den meisten Modellen kann man sogar den Motor ganz ausstellen und das Modell in Segelflug landen. Mit dem Höhenruder wird jetzt der Sinkflug kontrolliert und erst in ca. 1 m Höhe das Höhenruder langsam immer mehr gezogen, bis das Modell fast waagerecht fliegt und die restliche Höhe verliert, weil es immer langsamer wird. Wenn man das mit dem nötigen Gefühl macht, setzt sich der kostbare Flieger langsam von selbst auf den Boden und die Landung ist gelungen.

Das ist dann spätestens der Moment, wo man zum Modellflieger geworden ist. Ab jetzt kann einem der Mentor nur noch wenig helfen und man ist auf sich selbst gestellt. Wenn die Landung gelungen ist, hilft wirklich nur noch üben, üben, üben. Am besten nimmt man sich an einem ruhigen Tag, an dem auf dem Modellflugplatz nicht allzu viel Betrieb ist, einen Freund mit und übt nur Starts, eine Platzrunde und wieder Landen. Nach einer Stunde dieser Übung mit 30 oder 40 Starts hat der Starthelfer sein Bewegungssoll für den Tag erfüllt und der frische Pilot ist etwas mit den Nerven runter, aber nach noch zwei Stunden ist der Bewegungsablauf dann in Fleisch und Blut übergegangen und man fühlt deutlich sicherer.

Ein häufiger Fehler ist, dass sich der Flugschüler zu früh sicher fühlt und schon einmal eine Übungsstunde ohne Lehrer einlegt, bevor er wirklich alles, hauptsächlich natürlich die Landung, beherrscht. So bekommt man schnell die ersten Schäden am neuen Modell. Daher sollte man mit dem Alleinüben wirklich so lange warten, bis auch der Lehrer sagt:

„Du kannst es jetzt!" Jetzt ist der Moment gekommen, wo es der Einsteiger nur noch selbst in der Hand hat. Der Fluglehrer hat zwar immer noch Möglichkeiten, Ratschläge zu geben, aber fliegen muss man selbst, und das so oft, wie es nur geht. Die Zeitabstände zwischen den Trainingsflügen sollten nicht sehr lang sein. In dieser Phase ist es wichtig, mindestens einmal pro Woche zu trainieren, da man nach vier Wochen fast wieder von vorn anfängt.

Bislang sind wir davon ausgegangen, dass sich Lehrer und Schüler einen Sender teilen, aber es gibt auch die Möglichkeit, dass man zwei Sender gleicher Bauart mit einem Lehrer-Schüler-Kabel verbindet und so der Lehrer durch Halten eines Schalters eine oder mehrere Steuerfunktion an den Schüler übergibt. Wenn er den Schalter loslässt, hat er die Kontrolle dann schneller wieder, als wenn der Sender erst übergeben werden muss.

Wenn man es also einrichten kann, ist es durchaus sinnvoll, bei der Auswahl des eigenen Senders darauf zu achten, dass er mit dem Sender des möglichen Lehrers kompatibel ist.

Modellflugschulen

Mittlerweile gibt es schon eine ganze Anzahl von Modellflugschulen, die sich darauf spezialisiert haben, Neulingen das Steuern von Modellen zu vermitteln. Innerhalb einer Woche kann man so bei intensiver theoretischer und praktischer Schulung das Modellfliegen erlernen.

Diese Schulen haben in der Regel eigene Schulungsräume und einen eigenen Modellflugplatz und man lernt in einer kleinen Gruppe mit dem Modell der Schule. Dazu braucht man also keine eigene Ausrüstung, sondern die Schule stellt sowohl das Modell als auch die Fernsteuerung mit der passenden Lehrer-Schüler-Ausstattung. Dort wird man mit den Regeln des Fliegens zuerst theoretisch und dann eben auch praktisch, ähnlich wie oben schon beschrieben, vertraut gemacht. Sicherlich hat dabei ein erfahrener Fluglehrer, der so etwas ständig macht, einige zusätzliche Tricks und Tipps auf Lager und auch ein echtes Schulungskonzept entwickelt, das dem Amateurfluglehrer fehlt, aber im Prinzip kann er dann doch nicht viel mehr machen als ein erfahrener Vereinspilot.

Bei der Auswahl der Flugschule sollte man sich vorher ganz genau informieren, wie der Lehrgang strukturiert ist und mit welchem Modell geschult wird. Am besten ist es natürlich, wenn man auch mit einem Elektrosegler geschult wird. Da fällt dann die Umstellung auf das eigene Modell zu Hause nicht ganz so schwer. Einige Schulen arbeiten mit eigenen Trainermodellen mit einem großen Verbrenner, diese Modelle fliegen einfach anders als ein Elektroflieger mit relativ wenig Motorleistung.

In jedem Fall sollte man sein eigenes Modell schon fertig haben, wenn man zur Schulung fährt, und schon vorher vereinbaren, dass der Fluglehrer das Modell einfliegt und

austrimmt. Vielleicht kann man dann ja die letzten Unterrichtsstunden mit dem eigenen Modell bestreiten.

Dass so ein Lehrgang bei einem professionellen Lehrer nicht ganz billig ist, versteht sich wohl von selbst. Die Preise für einen Fünftageslehrgang liegen einheitlich bei ca. 500 Euro. Dazu kommt die Woche Urlaub, die man investieren muss, aber da viele Modellflugschulen in landschaftlich reizvollen Gegenden angesiedelt sind, kann man das vielleicht mit einem Familienurlaub verbinden.

Lernen in Eigenregie

Grundsätzlich kann ich nur davon abraten, das Modellfliegen ganz ohne Hilfe lernen zu wollen. Frustrationen sind letztlich vorprogrammiert und es wäre doch schade, wenn man so kurz vor dem Ziel aufgibt, weil man vor lauter Reparieren nicht vorankommt.

Trotzdem gibt es immer wieder Fälle, in denen ein angehender Modellpilot eben doch

Elfi ist ein kleiner Park-Flyer mit Speed 280 und Getriebe, der bei ruhigem Wetter sehr schön zu fliegen ist.

nicht die Hilfe im Verein suchen will und auch die Kosten der Schule scheut. Dann kommt man natürlich nicht umhin, sich das Fliegen selbst beizubringen. Glücklich kann sich dann derjenige schätzen, der einen Computer sein Eigen nennt und sich einen Simulator kaufen kann. Im Modellbauhandel werden schon einige Simulatoren für Modellflug angeboten, die durchaus brauchbar sind. Damit kann man das Fliegen am Computer schon einmal üben, wobei es das Beste ist, man sucht sich einen Simulator aus, der einen Adapter für einen Fernsteuersender hat und das Modell nicht über einen Joystick oder womöglich die Tastatur steuert.

Es ist nicht so, dass man das Fliegen unbedingt am Simulator üben muss, aber es hat Vorteile, denn hier kann man erst einmal so lange trainieren, bis das Starten, Fliegen und Landen auf der Piste wirklich klappt, und man kann sich freuen, dass sich das Modell immer wieder selbst repariert. Da amortisiert sich solch ein Programm doch recht schnell.

Trotzdem ist der Computer nur ein schwacher Ersatz und wer glaubt, nur weil er am Computer ein Modell schon im Kunstflug beherrscht, kann er auch draußen richtig fliegen, wird sich noch einmal wundern, dass das Leben doch keine Simulation ist.

Ähnliches gilt für die Informationen, die es als Videokassetten und Bücher zu kaufen gibt. Auch hier kann man sich einige Tipps abschauen und sicher etwas Wissen vorab ansammeln, aber im Endeffekt zählt doch nur die Realität.

Bevor wir aber mit dem neuen Modell anfangen können, müssen wir ein passendes Gelände suchen. Für den Park-Flyer reicht der nächste Sportplatz als Fluggelände sicher aus. Eine ähnlich große freie andere Fläche kann auch genug sein, wenn sichergestellt ist, dass sie frei von Hindernissen und Menschen ist, denn ganz ungefährlich ist selbst ein leichter Park-Flyer nicht. Für den Elektrosegler brauchen wir noch etwas mehr Raum. Nicht unbedingt zum Starten und zum Fliegen, aber

beim Landen sicher, denn hier ist eine ca. 200 m lange Strecke ohne Hindernisse nötig, um einen schönen, langgestreckten Landeanflug machen zu können. Außerdem gelingen die Landungen auch nicht immer bei Fuß. Die Fläche muss nicht die Qualität von Golfrasen haben. Wenig genutzte Wiesen oder Getreidefelder sind auch in Ordnung, aber bitte dran denken, dass es die Bauern zu Recht nicht gerade lieben, wenn man ihnen regelmäßig durch das Getreide läuft oder die Kühe aufscheucht.

Ein Motormodell mit Fahrwerk stellt etwas höhere Ansprüche an die Landefläche, da man sich sonst beim Landen in hohem Gras oft das Fahrwerk beschädigt. Da kann es sogar sinnvoll sein, das Fahrwerk wegzulassen. Ein wenig befahrener Feldweg inmitten einer großen landwirtschaftlichen Nutzfläche ist hier eine gute Möglichkeit. Allerdings ist er bei einer Landung nicht ganz einfach zu treffen.

Überhaupt sollte man bei der Auswahl der Flugfläche darauf achten, dass sie sich nicht zu nahe an bebautem Gelände befindet. Auch die Nähe von belebten Straßen oder gar Autobahnen sollte man meiden. Nicht auszudenken, was passieren könnte, wenn sich das Modell entscheidet, dort abzustürzen. Für die Schäden ist der Besitzer des Modells verantwortlich und dieser Verantwortung sollte man sich bewusst sein.

Egal ob Elektrosegler oder elektrisches Motormodell, ideal wäre eine kurz gemähte Wiese inmitten von Getreidefeldern. Aber wo gibt es so etwas. Eigentlich nur als Modellflugplatz, der von einem Verein betrieben wird. Also siehe oben!

Aus den genannten Gründen muss eigentlich von der „wilden Fliegerei" grundsätzlich abgeraten werden.

Bitte fliegen Sie auch nicht als Einzelflieger in der Nähe eines Modellflugplatzes! Zu leicht kann es dann zu Überschneidungen bei den Frequenzkanälen kommen und man gefährdet das eigene und fremde Modelle. Dann lieber auf den Modellflugplatz gehen und fragen, ob man sein Modell auch einmal starten darf. In den meisten Fällen geht das problemlos. Wenn wir das richtige Gelände gefunden haben, müssen wir nur noch auf das richtige Wetter für den Erstflug warten. Die Temperaturen und die Sonneneinstrahlung sind dabei fast egal, obwohl es natürlich bei strahlendem Sonnenschein und 20 Grad mehr Spaß macht als bei minus 5 Grad und grauem Himmel. Bei Regen, Schnee oder Hagel geht wohl niemand nach draußen und dem Sender bekäme es auch nicht sonderlich, wenn Feuchtigkeit eindringt. Aber das ist wohl logisch!

Bleibt noch der Wind, der natürliche Feind der Fluganfängers. Glauben Sie mir, bei Windstille ist alles leichter, und daher sollten wir uns unbedingt einen ruhigen Tag mit Windstille oder nur ganz leichtem Wind aussuchen. Dieser Satz steht stets in den Fluganleitungen unserer Modelle und die Profis sehen das dann nicht ganz so eng, aber für den Anfänger gilt dies wirklich absolut.

Wer an einem Simulator üben kann, bei dem sich der Wind einstellen lässt, wird gleich feststellen, dass Wind einige Schwierigkeiten macht, wenn man das Fliegen erst lernen muss. Gerade wenn man ohne Fluglehrer, der das Starten und Landen übernimmt, üben will, kommt man nicht umhin, auf günstigen Wind zu warten. Bei Windstille ist die Start- und Landerichtung egal, aber wenn es doch eine Luftbewegung gibt, erfolgen sowohl der Start als auch die Landung immer gegen den Wind. Auch das ist eine unumstößliche Grundregel.

Wie zuvor beschrieben, ist der Handstart durch einen Helfer der sicherste Weg, das Modell in die Luft zu bringen. Nachdem es die Hand des Helfers verlassen hat, sollte das Modell fast geradeaus fliegen und nur langsam Höhe gewinnen. In jedem Fall muss es seine Geschwindigkeit auch im Steigflug behalten. Wenn es zu steil steigt und dabei zu langsam wird, folgt unabänderlich der Strömungsabriss, bei dem der Flieger zu einer Seite abkippen wird. Diese Situation ist sogar für den routinierten Piloten brenzlig. Hier bewahrheitet sich der alte Fliegergrundsatz: „Fahrt ist das halbe Leben!"

Beim Fliegen sollte man immer darauf achten, möglichst eher gegen den Wind zu fliegen, und das Modell so halten, dass man

Der Twinjet von Multiplex ist ein beliebter Renner mit zwei Speed 400, die das Modell ganz ordentlich beschleunigen. Das verspricht eine Menge Flugspaß für den fortgeschrittenen Modellflieger.

PICO-CUB
D-ECUB

Vor einem Wald sollte man sich hüten, denn wenn das Modell einmal hoch in den Bäumen hängt, ist die Bergung kompliziert.

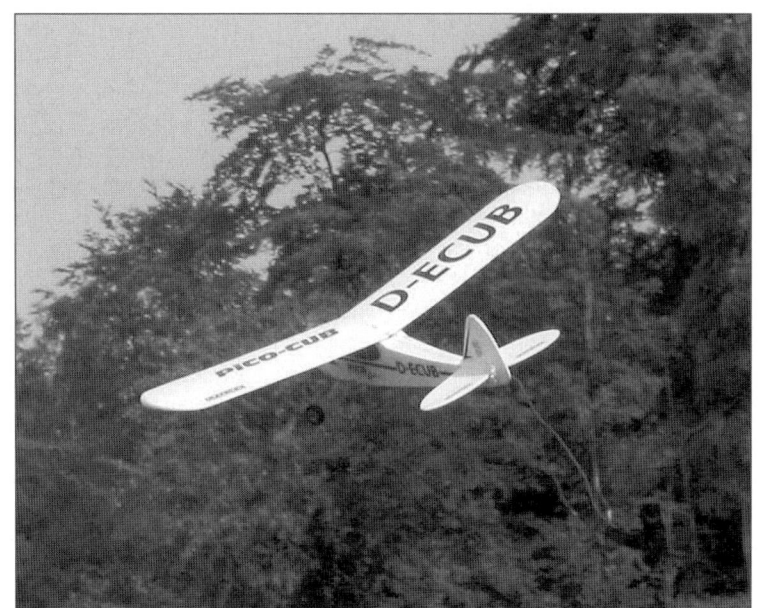

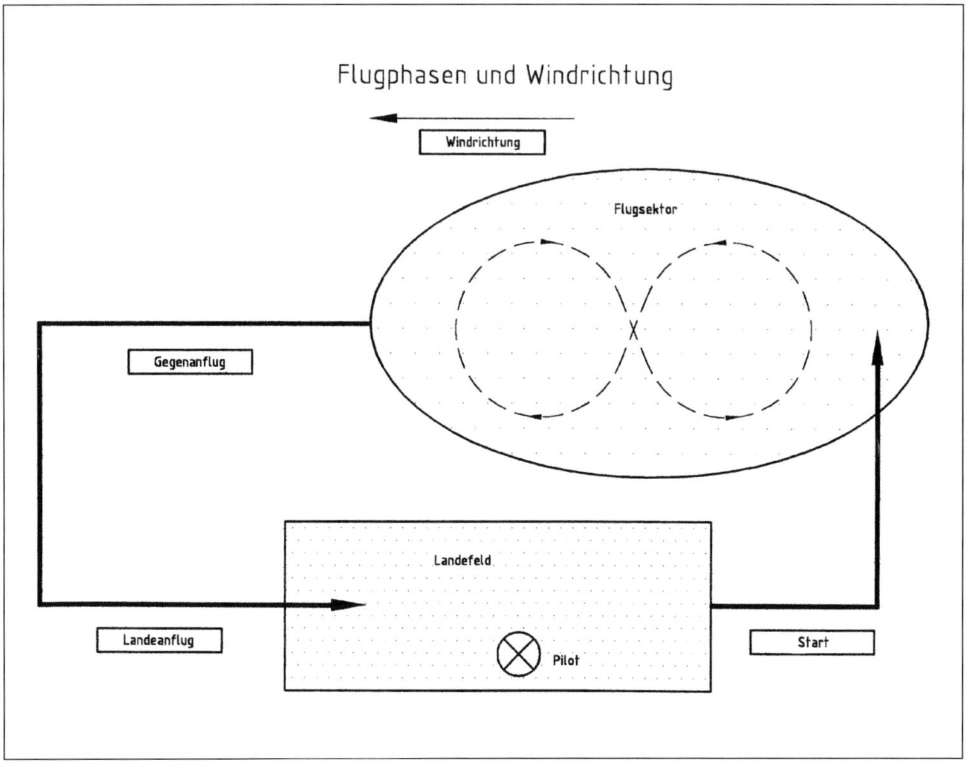
Flugphasen und Windrichtung
Windrichtung
Flugsektor
Gegenanflug
Landefeld
Landeanflug
Pilot
Start

Immer auf die Windrichtung achten!

in den Wind sehen muss. Sonst kann es passieren, dass das Modell mit leerem Akku abgetrieben wird und die unumgängliche Außenlandung sehr weit vom Piloten entfernt erfolgt. Eine lange Suche nach dem Modell ist dann das notwendige Übel. Wenn man aber gegen den Wind fliegt, treibt er erst einmal das Modell am Piloten vorbei und man hat das Ganze viel besser unter Kontrolle. Deshalb verschieben wir bei Wind die Wendepunkte unserer Achten so weit, dass ein Wendepunkt deutlich gegen den Wind liegt und der andere mindestens auf Höhe des Piloten liegt.

Nur zur Landung muss man dann etwas in Windrichtung ausholen, um einen Landeanflug gegen den Wind machen zu können.

Die Landung ist auf jeden Fall das kritischste Kapitel, denn es ist für einen Anfänger nun einmal die schwierigste aller Flugfiguren. Sie beginnt mit dem so genannten Gegenanflug parallel zu Landepiste aber mit (!) dem Wind und in ca. 50–100 m Abstand zu Piste. Dann folgt eine 90-Grad-Kurve zum Queranflug, bis sich das Modell in der Verlängerung der Piste befindet. Dann kommt wieder eine 90-Grad-Kurve, nach der das Modell idealerweise nur noch geradeaus bis auf das Landefeld fliegen muss. Dieses genaue Ausrichten ist wichtig, da größere Richtungskorrekturen den Landeanflug sehr unruhig machen würden. Die Landung erfolgt dann wie zuvor beschrieben mit einem langsamen Sinkflug.

Also lässt man den Flieger mit etwas Fahrt auf sich zukommen, und wenn er nur noch ca. 1 m Höhe hat und möglichst schon über dem Landefeld ist, zieht man den Höhenruderknüppel langsam (!) zu sich her, sodass das Modell nicht mehr steigt, aber immer langsamer wird. Damit sinkt das Modell dann auch schneller und setzt sich ganz sanft auf den Boden. Eine wirklich gelungene Landung hört man kaum, aber bis es so weit ist, darf das Gras schon einmal deutlich raschelt.

Gerade hier gilt das Motto: „Es ist noch kein Meister vom Himmel gefallen!" Auch die Phase zwischen Start und Landung wurde zuvor schon hinreichend beschrieben. Wichtig ist dabei nur, dass man sich nicht auf eine Kurvenrichtung einschießt, denn dann kann es passieren, dass man bei anderer Windrichtung bei der Landung Probleme bekommt, weil dann die Landekurven genau anders herum gemacht werden müssen. Nicht lachen, hat es alles schon gegeben und dann wollte der Pilot mit dem Wind landen. Also immer schön unsere Achten mit wechselnden Kurvenrichtungen fliegen und sicherstellen, dass das Modell auch wirklich an den Stellen wendet, die man sich vorgenommen hat. Landschaftsmarken, ein allein stehender Baum, ein auffälliges Haus oder ein Kirchturm sind hier sehr hilfreich!

So, jetzt haben wir mit vielen Worten und sehr theoretisch beschrieben, wie man ein Elektroflugmodell fliegt. Jetzt kann wirklich nur noch die Praxis helfen. In der Praxis wird es aber nicht alles so glatt laufen, wie man es sich wünscht und wie auch ich es meinen Lesern wünsche. Das beginnt damit, dass es gar nicht so einfach ist, in unserem dicht besiedelten Land noch ein passendes freies Fleckchen zu finden. Außerdem herrscht in den drei Wochen nach der Fertigstellung des Modells bestimmt immer dann ein ordentlicher Wind, wenn Sie bei Schwiegermutter Geburtstagskaffee trinken müssen, aber nie dann, wenn Sie Zeit zum Fliegen hätten. Auch in der Flugphase, wenn sie dann endlich gekommen ist, wird sicher nicht alles perfekt laufen, aber die kleinen Rückschläge sollten nicht frustrieren, sondern eher ein „Jetzt erst recht!" auslösen. Durch diese Phase gingen wirklich alle Modellflieger, auch wenn sich viele nicht mehr daran erinnern wollen.

Also, Kopf hoch und durch! Davon lassen wir uns doch nicht unterkriegen! Wie bei allen anderen Sportarten sollte man nach einem Misserfolg die Brocken nicht in die Ecke schmeißen, sondern das Modell so schnell wie möglich, vielleicht sogar noch auf dem Flugplatz, reparieren und den nächsten Flug in Angriff nehmen. Alle die, die sich durch diese Phase durchkämpften, haben es auch gelernt. Nur wer aufgibt, schafft es nicht! Zum Schluss dieses Abschnitts noch ein gut gemeinter Ratschlag: Natürlich kann man sich das Modellfliegen selbst beibringen oder man kann eine Modellflugschule besuchen. Aber auch diejenigen, die für eine typisch deutsche Vereinsmeierei gar nichts übrig haben, sollten sich doch dafür entscheiden, das Fliegen im Verein zu lernen. Wenn die Atmosphäre in dem einen Verein nicht zu passen scheint, kann man ja versuchen, einen anderen zu finden. Häufig gibt es in vernünftiger Entfernung mehr als einen Modellflugverein und einer wird, mit etwas gutem Willen, doch passen. Im Verein bekommt man Anleitung und muss nicht alle Erfahrungen erst bitter und teuer selbst machen. So spart man schnell das Geld für den Vereinsbeitrag zusammen und man muss ja nicht unbedingt jedes gesellige Beisammensein mitmachen, wenn man daran keinen Spaß hat.

Reparaturen und künftige Pläne

Was kommt jetzt? Ganz, klar, jetzt kaufe ich mir mein Traummodell und lege so richtig los! So mag nun mancher denken, aber so ist es wohl doch nicht. Richtig muss die Antwort lauten: „Jetzt fliege ich erst einmal, so oft ich kann!", denn nur regelmäßiges Fliegen trainiert die Reflexe und verhilft dem neuen Piloten zur Sicherheit beim Steuern seines Flugmodells, und diese Sicherheit ist das A und O. Außerdem übt man nun bei wirklich fast jedem Wetter. Am Anfang werden zwar die windigen Tage gemieden, aber das sollte sich langsam geben und man muss auch einmal den Mut aufbringen, an den windigen

Die kleine Gee Bee Sportster von Graupner ist ein vorbildähnlicher Flitzer mit 100 cm Spannweite, der über alle Achsen gesteuert wird. Mit dem richtigen Antrieb kann man schon einmal das Kunstflugtraining beginnen. Durch die Styroporbauweise ist sie recht leicht und schnell gebaut.

Tagen zu fliegen, an denen sogar die Möwen aus Sicherheitsgründen zu Fuß gehen. Solange der Regen also den Sender nicht unter Wasser setzt, kann man fliegen und sollte es auch probieren. Nur so bekommt man Sicherheit bei Fliegen und natürlich beim Landen.

Haben Sie schon einmal probiert, wie viele Landungen man mit einer Akkuladung machen kann? Das sind locker 20 bis 30, wenn man zwischen Start und Landung immer nur eine halbe Platzrunde macht. Nach einem solchen Nachmittag steht einem zwar der Schweiß in den Schuhen, aber es übt ungemein und bringt eine Menge Sicherheit und Selbstvertrauen.

Bevor wir darüber sprechen, welches Modell wir als nächstes bauen und fliegen, kommt ein etwas unangenehmerer Punkt. Wer viel fliegt, macht auch mal Bruch, denn nur wer gar nicht fliegt, macht nichts kaputt! Das gilt übrigens gleichermaßen für den Einsteiger wie für den Könner. Wer bei der Weihnachtsfeier behauptet, dass er in diesem Jahr keinen Bruch gemacht hat, ist definitiv zu wenig geflogen.

Das klingt wie eine Binsenweisheit, aber die Schlussfolgerung ist ganz einfach, dass der Bruch und das anschließende Reparieren zum Modellfliegen gehören wie der Elfmeter zum Fußball. Daher sollen an dieser Stelle einige Tipps zur Reparatur des Modells folgen und erst dann wollen wir uns den Zukunftsplänen widmen.

Reparaturen

Gerade am Anfang einer Modellfliegerkarriere gehören Reparaturen einfach zum täglichen Brot des Fliegers. Das gilt nicht nur für den Anfänger, sondern für alle Piloten. Es ist also nichts Schlimmes, wenn mal etwas abbricht, und sicher auch kein Grund, sich dessen zu schämen. Das Gute an unseren Modellflugzeugen ist, dass sich nahezu alles reparieren lässt und sich die Schäden am Flugzeug in den

meisten Fällen im Rahmen halten, auch wenn es am Anfang oft tragisch aussieht. Optimal ist es, wenn man den Schaden noch auf dem Modellflugplatz beheben kann, denn dann ist der Flugtag noch nicht vorbei und man kann weiterüben. Wenn der Schaden aber doch zu groß ist, muss man in die Werkstatt zurückkehren und dort in Ruhe reparieren.

Am besten zu reparieren sind Holzmodelle, da man sie oft noch vor Ort mit Sekundenkleber zusammenfügen und kleben kann. Selbst bei einem sehr harten Einschlag sind z. B. die Rumpfseitenwände oft nur geknickt oder gesplittert. Meistens genügt es, die Teile wieder zusammenzusetzen und auszurichten und anschließend von innen dünnflüssigen Sekundenkleber in die Bruchstellen zu träufeln. Die gesplitterten Bruchstellen haben dabei eine so große Klebefläche, dass der Rumpf wieder seine alte Festigkeit bekommt. Wenn die Bespannung dann nicht mehr so gut aussieht, macht das nichts. Erfahrene Modelle fliegen oft viel besser, als sie aussehen, und die eine oder andere Narbe verleiht dem Modell eher Charakter, als dass sie es entstellt.

Wichtig ist aber das genaue Ausrichten des Rumpfes vor dem Kleben, um spätere Verzüge zu vermeiden. Ebenso wichtig ist es, an der Absturzstelle alle, auch die kleinsten Holzteile einzusammeln. Nur so kann man das beschädigte Teil wieder korrekt zusammenpuzzeln und mit Sekundenkleber kleben. Bei eventuellen Spalten hilft dann nur noch 5-Minuten-Epoxy, das großzügig, aber nicht zu dick, über die Reparaturstelle gelegt wird.

Wenn sich nach dem Puzzeln noch immer keine ausreichende Festigkeit ergibt, kann man die Bespannung des Holzrumpfes weiträumig entfernen und von außen eine Bandage aus einer Glasfasermatte und länger aushärtendem Epoxidharz anbringen. Nach dem Trocknen des Harzes wird die Matte verschliffen und eventuell ausgespachtelt, bevor man den Rumpf wieder bespannen oder lackieren kann. Das ist aber natürlich eine Arbeit für die Werkstatt. Rümpfe aus thermoplastischem Kunststoff verbiegen sich oft eher, als dass es Risse gibt. Diese Falten kann man häufig herausziehen, indem man das Material mit einem Föhn oder vorsichtig mit einem Heißluftgebläse erwärmt. Wenn der Rumpf doch gerissen ist, sollte man versuchen, diese Risse mit Sekundenkleber zu kleben. Eventuell kann man hier mit einer Bandage aus Glasmatte arbeiten, dazu muss der Kunststoff aber sehr gut aufgeraut werden, sonst verbindet sich die Bandage nicht mit dem Thermoplast und splittert bei der ersten Belastung der Reparaturstelle ab.

Kleine Risse in GFK-Rümpfen flickt man wieder mit dünnflüssigem Sekundenkleber, bei größeren Beschädigungen hilft 5-Minuten-Epoxy oder die bekannte Glasfasermattenbandage. Auch hier ist das Aufrauen ganz wichtig. Besonders wenn die Bandage außen angesetzt wird, sollte man die farbige Deckschicht des Rumpfes komplett abschleifen. Ein anschließendes Spachteln und Neulackieren ist dann zwar unumgänglich, aber anders hält die Reparatur leider nicht. Dafür ist die Stelle, wenn man es mit dem Schleifen, Spachteln und Lackieren ernst nimmt, später kaum noch wiederzufinden. Bei Modellen aus Leichtschaum setzt man die Einzelteile erst einmal zusammen und sorgt dann mit Sekundenkleber oder mit 5-Minuten-Epoxy wieder für Festigkeit. Falten lassen sich ganz vorsichtig mit einem Föhn entfernen. Und auch hier ist natürlich die GFK-Bandage oft die letzte Rettung vor dem Verschrotten.

Angeknackste Rippenflächen kann man ebenso wie einen Holzrumpf mit dünnflüssigem Sekundenkleber kleben. Wenn die Beplankung der Nasenleiste zu weit beschädigt ist, sollte man die beschädigte Stelle großzügig ausschneiden und ein neues Stück einsetzen. Das Gleiche gilt für die Nasenleiste oder eventuell gebrochene Rippen.

Kritisch wird es, wenn der Hauptholm, das tragende Element eines jeden Rippenflügels, gebrochen ist. Hier muss man in den meisten Fällen ebenfalls erst die Teile zusammenset-

zen und dann die geklebte Stelle zusätzlich verstärken. Wenn ein Teil des Holmes ersetzt werden muss, darf man die beiden Teile nicht stumpf zusammensetzen, sondern muss mit einer Schäftung für eine ausreichend große Klebefläche sorgen. Reparaturen am Tragflächenholm müssen immer mit größter Sorgfalt vorgenommen werden, da die Festigkeit des Modells ganz wesentlich vom Holm abhängt. Nachlässigkeiten werden hier schon beim nächsten Flug böse bestraft.

Bei Tragflächen mit einem Styroporkern und einer Holzbeplankung kann man nach einem glatten Bruch die Teile am besten mit 5-Minuten-Epoxy oder Weißleim wieder zusammenkleben. Achtung, da der Weißleim nur schlecht ablüften kann, dauert es oft sogar einige Tage, bis die Klebestelle vollständig ausgetrocknet ist. Danach ist es sinnvoll, einen oder zwei aufrechte Holme aus Balsa oder Kiefernleisten senkrecht in die Fläche einzusetzen und bündig zu verschleifen. So wird die Belastung im Flug besser auf die ganze Fläche verteilt.

Wenn die Tragfläche nur an der Nasenleiste eingedrückt ist, reicht es oft, das eingedrückte Material flächig gerade auszuschneiden und einen Klotz aus Balsa einzusetzen, der dann dem Profil entsprechend verschliffen wird.

Wenn die Stelle dafür zu groß ist, kann man auch einen Styroporklotz einsetzen und die Stelle dann mit Glasmatte und Harz überziehen. Anschließend muss geschliffen und gespachtelt werden. Am Besten deckt man dabei das unbeschädigte Material der Umgebung mit Paketband ab, damit man hier die Beplankung nicht unabsichtlich schwächt.

Solch eine Aufstellung der Reparaturmaßnahmen kann natürlich nur unvollständig sein. Jeder Schaden ist etwas anders und verlangt eigene Maßnahmen zur Behebung. Oft ist auch eine Kombination der genannten Methoden gerade richtig, um das Modell wieder in die Luft zu bekommen. Dem Anfänger hilft dabei sicher gern ein erfahrener Pilot oder der Fachhändler des Vertrauens, der ei-

Wenn einmal eine Landung misslungen ist, muss man auch sämtliche Anlenkungen kontrollieren. Zu oft ist es schon vorgekommen, dass sich ein Ruderhorn gelöst hat und das Modell deshalb gleich wieder abstürzt.

nem auch die notwendigen Materialien für die Reparatur verkauft. Nach jedem Absturz, sogar nach jeder härteren Landung muss man das Modell unbedingt genau prüfen, ob es nicht noch Schäden an Teilen gibt, die keiner beachtet hat. Nach großen Reparaturen ist das wohl selbstverständlich, aber gerade nach der schnellen Reparatur mit Sekundenkleber auf dem Flugplatz ist diese Prüfung enorm wichtig. Zu schnell klebt man den losen Motorspant wieder ein und richtet das Fahrwerk und merkt dabei nicht, dass auch das Servobrett lose ist oder das Höhenruder sich nicht mehr bewegt. Klingt unrealistisch? Ist mir aber schon passiert und prompt lag das Modell bei nächsten Startversuch wieder im Dreck.

Daher sollte man sorgfältig prüfen, ob das Modell nicht noch an einer anderen Stelle beschädigt wurde und ob die Steuerfunktionen nicht in Mitleidenschaft gezogen wurden. Bei großen Reparaturen muss man zusätzlich prüfen, ob der Schwerpunkt des Modells noch stimmt. Leicht kann das Modell schwanzlastig werden, wenn am Leitwerk sehr viel geklebt werden musste. Auch die Servos und

der Empfänger sollten geprüft werden. Oft ist ein Modell gleich nach der Reparatur wieder abgestürzt weil die Antenne des Empfängers gerissen war oder ein Servo beim letzten Einschlag einige Getriebezähne verloren hat.

Zum Abschluss noch ein kleiner Trost. Die ersten Modelle eines Modellfliegers sind Verschleißteile. Natürlich muss man sich bei einer Reparatur Mühe geben und es ist auch nie falsch, wenn man versucht, das Modell auch optisch wieder herzurichten, aber wichtiger sind eindeutig die sichere Funktion und die schnelle Betriebsbereitschaft des Modells. Am kommenden Samstag muss das Modell wieder in die Luft und es wäre jammerschade, wenn man das gute Flugwetter verpasst, nur weil der Decklack noch nicht trocken ist. Und eines kann ich garantieren: Immer wenn das Modell wegen einer Reparatur außer Betrieb ist, herrscht bestes Flugwetter. Das ist eines von Murphys Gesetzen zum Modellfliegen! Also lieber schnell die Flugfähigkeit des Modells wiederherstellen und mit einer unlackierte Stelle zu Flugplatz kommen als eine günstige Gelegenheit zum Training verpassen.

Die nächsten Modelle

Kommen wir jetzt zu einem viel erfreulicheren Thema: Welches Modell soll ich mir als nächstes vornehmen? So ewig will man ja nicht mit dem einfachen Trainer umherfliegen und das Traummodell lockt noch immer.

Wichtig ist jetzt, dass man langsam versucht, sich als Pilot und Modellbauer weiterzuentwickeln. Dabei ist die Entwicklung als Pilot wichtiger als die Entwicklung des Bastlers. Das Basteln kann man mit viel Akribie und Zeitaufwand erlernen und schon als zweites Modell ein wahres Meisterstück auf die Beine stellen. Beim Fliegen ist das anders. Als Pilot kommt man wirklich nur durch Übung und einen langsamen Fortschritt voran, d. h., dass man sich von Modell zu Modell in den fliegerischen Anforderungen steigert und sich so stufenweise dem Ziel nähert. Wählt man dabei die Stufen zu groß, ist die Frustration vorprogrammiert.

Der erste Schritt nach dem Erlernen des Modellfliegens ist das Erarbeiten der dritten Modellachse, also das Fliegen mit einem Querrudermodell. Viele Fluganfänger haben

vor diesem Schritt etwas Respekt, um dann festzustellen, dass das Fliegen mit Querrudern eigentlich ganz einfach ist und das Steuern des Modells eher einfacher als komplizierter macht.

Etwas schwieriger ist es da schon, saubere Kurven mit Querruder und Seitenruder zu fliegen. Ein Kombischalter an vielen Sendern kann dem Piloten einen Teil dieser Arbeit abnehmen, aber vorher sollte man es erst einmal können. Schon in der Schule gilt: „Nur wer selbst Rechnen kann, darf auch einen Taschenrechner benutzen." Hier sind ein gutes Auge und etwas Koordinationsgabe gefordert und dann erkennt man sehr schnell, dass die Kurven mit beiden Rudern geflogen noch schöner werden. Die meisten Querrudermodelle sind außerdem nicht mehr so auf Eigenstabilität konstruiert und wollen permanent gesteuert werden. Auch das ist eine wichtige Erfahrung für den neuen Piloten.

Dazu kommt das Erfahren der Geschwindigkeit, die auch höher als beim ersten Modell sein wird. Das erfordert schnellere Reaktionen und andere Reflexe als zuvor. Gerade bei der Landung ist ein schnelleres Modell eine

Der Mephisto von Staufenbiel ist ein sehr schöner Elektrosegler für den fortgeschrittenen Einsteiger. Wieder ein ARF-Modell, aber mit 2 m Spannweite und Querrudern stellt er schon etwas höhere Ansprüche an den Piloten.

Mit den hochgestellten Querrudern lässt sich der Mephisto bei der Landung fast noch genauer dirigieren als ein Pedro. Also sind Querrudersegler doch nicht immer komplizierter als einfachere Modelle mit Zweiachssteuerung.

echte Herausforderung. All das kommt ganz automatisch mit der Übung und der zunehmenden Routine, und sicher kommt dann auch der Drang, etwas mehr als nur Rundflüge zu machen. Ein Looping oder eine Rolle ist der nächste Schritt und dazu der Ehrgeiz, diese Figuren sauber zu fliegen. Man sollte diese einfachen Flugfiguren auch bewusst üben, da sie im Prinzip nichts anderes sind als eine weitere ungewöhnliche Fluglage aus, der man sich retten muss.

In welche Richtung man sich als Pilot entwickelt, hängt lediglich von den persönlichen Präferenzen ab. Es ist absolut nichts Falsches daran, wenn man sich auf das Fliegen von motorisierten Seglern spezialisiert und damit die Thermik oder den Hangaufwind optimal nutzen will. Dieser Pilot wird dann sinnvoll mit einem größeren Elektrosegler mit 200–250 cm Spannweite und Querrudern weitermachen. Auch ein gemäßigter Hotliner wäre ein denkbarer Schritt, bevor man sich an die Super-Orchideen wagt. Diese Hotliner, also die etwas schnelleren Elektrosegler mit einem starken Antrieb, sind sowieso die nahezu idealen Allroundmodelle für den fortge-

schrittenen Piloten. Durch die hohe Grundgeschwindigkeit fliegen sie auch bei Wind sehr gut. Wenn es die Thermik erlaubt, kann man damit Aufwinde suchen, und wenn es keine Thermik gibt, kann man heizen und Kunstflug üben. Da man bei den meisten Hotlinern zur Landung die Querruder hochstellen kann, sind sie sogar, mit der entsprechenden Übung, leichter zu landen als die meisten anderen Modelle ohne Landehilfen. Ein anderer Pilot sieht sein Interesse eher im Kunstflug und wählt als zweites Modell einen Motortrainer mit Querrudern, bevor die erste Kunstflugmaschine angeschafft wird.

Es ist jedoch auch durchaus sinnvoll, erst einmal alle Felder anzutesten, bevor man sich für eine Richtung entscheidet. Oder vielleicht entscheidet man sich gar nicht und bevorzugt den Mix an Modellen, um für jede Laune und jedes Wetter gerüstet zu sein, denn: Es gibt kein schlechtes Wetter zum Fliegen, es gibt nur ungeeignete Modelle!

Dann kann man im Sommer, bei schönem Wetter und guter Thermik mal den Elektrosegler herausholen und versuchen, einen persönlichen Dauerflugrekord aufzustellen, und,

Die kleine Klemm L 25 D von Graupner ist ein wunderschönes Modell in Holzbauweise. Als Tiefdecker ist sie aber ungleich schwerer zu fliegen als z. B. der Hochdecker Pico Cub von Multiplex. Für den Einsteiger also nicht zu empfehlen, aber später macht sie großen Spaß.

wenn die Suche nach Thermik ob des Wetters sowieso sinnlos ist, an anderen Tagen mit dem Kunstflugmodell Figuren in den Himmel malen. Und wenn man keine Zeit hat, zum Flugplatz zu fahren, dann kann man den Park-Flyer auch einmal kurz auf dem nächsten Sportplatz fliegen. Wie schon vorher erwähnt, es wird immer wieder ein Modell kaputt gehen und Platz für ein neues machen. Auch das ist ein logischer Prozess. Optimal wäre es, immer dann, wenn man das neue Modell einigermaßen beherrscht, gleich wieder mit einem anderen, noch anspruchsvolleren Modell weitermachen zu können. Leider gibt es da für die meisten von uns zeitliche und finanzielle Grenzen, aber im Großen und Ganzen sollte man sich das tatsächlich als Ziel setzen.

Viele kleine Schritte sind hier besser als nur wenige große und es muss ja nicht immer ein nagelneues Modell sein, vielleicht kann man das eine oder andere Modell günstig von einem Vereinskollegen erwerben. Wichtig ist aber immer wieder das Fliegen. Nur durch Fliegen erlernt man die Kunst des Steuerns.

Da hilft kein Lesen und auch kein Simulatorfliegen am Computer. Das Einzige, was zählt, ist die Zeit, die man aktiv steuernd am Knüppel verbracht hat. „Stick-time" nennen die Amerikaner diese Zeit. Einen deutschen Begriff, der ähnlich eingängig wäre, habe ich leider noch nicht gehört.

Also üben, üben, üben lautet das Motto, auch wenn dabei etwas kaputt geht. Am besten gleich nach dem Absturz das nächste Modell aus dem Auto nehmen und weiterfliegen. So habe ich in meiner Anfangszeit dann schon mal drei Modelle an einem Tag beschädigt. Da hilft zwar abends nur noch die Flasche Rotwein, aber am nächsten Tag muss man wieder in den Bastelraum und reparieren. Schlimm wäre es, wenn man sich nach solch einem Tag erst drei Monate verkriecht und in der Zeit das Fliegen verlernt. Das gilt besonders für die Anfangsphase. Einmal richtig gelernt, stört auch eine längere Pause nicht mehr. Das hat Modellfliegen mit Fahrradfahren gemeinsam. Einmal richtig gelernt, verlernt man es nicht wieder.

Ein Nachwort

Was gehört eigentlich in so ein Nachwort? Also erst einmal ein Dank! An meine Familie, denn die Kinder haben bereitwillig Fotomodell gespielt und meine Frau nahm es hin, dass ich nicht nur im Bastelkeller verschwand, sondern auch noch nächtelang am Computer saß, Fotos sortierte und die Tage erst spät beendete. Dass sie dann auch noch die Geduld aufbrachte, das Manuskript Korrektur zu lesen, ist dann schon bewundernswert.

Außerdem einen Dank an die Vereinskollegen im Modellflugclub, die beim Fotografieren geholfen haben und immer wieder noch einen Tipp gaben, was alles angesprochen werden muss. Danke, Jungs, ohne euch geht es nicht!

Aber dann kommen die Zweifel. Ist auch alles besprochen und verständlich erklärt? Ganz frei machen kann man sich davon nicht, schließlich ist man nach mehr als 25 Jahren Elektroflug doch reichlich betriebsblind. Hier geht ein Dank an die Freunde in der Modellflugredaktion der Zeitschrift FMT, die oft wertvolle Hinweise gegeben haben.

Wirklich alle Fragen kann man aber wohl gar nicht erschlagen. Deshalb schon jetzt ein Dank vorab an all die Vereinspiloten, die immer wieder die Neulinge an die Hand nehmen, um neue Freunde für unser schönes Hobby zu gewinnen. Da das Nachwort auch der Platz für eine ganz persönliche Aussage ist, möchte ich an dieser Stelle noch einmal eine Lanze für die Modellflugvereine brechen. Besser, einfacher und preiswerter kann man das Modellfliegen einfach nicht lernen als im Verein. Deshalb kann der Rat an den Einsteiger nur lauten: „Legen Sie das Buch jetzt zur Seite und gehen Sie zum nächsten Modellflugplatz!" Dort findet man eigentlich immer Rat und Tat, die dabei helfen, die ersten Erfolge in unserem Hobby zu erzielen. Wenn man dann erst einmal den ersten Alleinflug bewältigt hat, wird es einen nicht mehr loslassen!

Das letzte Wort gehört der Faszination des Modellfliegens. Das ist ganz einfach das schönste Hobby der Welt! Für mich und alle meine Hobbykollegen stimmt das jedenfalls. Die Faszination des ferngesteuerten Flugmodells erschließt sich leider nicht immer auf den ersten Blick, aber wenn man die ersten Schritte sicher beherrscht, kann eigentlich nichts mehr passieren und ich hoffe, dass Sie auch schon bald in diese Aussage mit einstimmen.

In diesem Sinne wünsche ich allen Einsteigern in den Elektroflug und in das Modellflughobby allgemein jetzt einen guten Start und viel Ausdauer, die dann sicher belohnt wird.

Holm- und Rippenbruch!

Anhang

Einige Fachbegriffe

Anstellwinkel

Der Anstellwinkel eines Flügels oder Leitwerks ist der Winkelunterschied zwischen der Rumpflängsachse und der Längsachse des Flügels oder Leitwerks. (Siehe auch Skizze bei Einstellwinkeldifferenz.)

ARF

Abkürzung für englisch „almost ready to fly, also salopp übersetzt: fast flugfertig. ARF bezeichnet also den Zustand, in dem ein Modell geliefert wird. Im Gegensatz zu ARC (almost ready to cover, fast fertig zum Bespannen) sind ARF-Modelle fertig gebaut und auch schon bespannt.

Es bleibt dem Modellbauer also nur noch, die Fernsteuerungskomponenten einzubauen und den Antrieb zu montieren. Gegenüber einem Bausatz kommt gerade der Einsteiger so schnell zu einem flugfähigen Modell, bei dem sogar mögliche Baufehler, je nach Qualität, ausgeschlossen sind. Die Aufpreise für fertig gebaute Modelle sind mittlerweile durchaus erträglich.

Computersender

Darunter versteht man Fernsteuerungssender mit einer zusätzlichen Stufe, die bewirkt, dass man Servomittelstellung, Servodrehrichtung, das Vermischen von Steuerfunktionen und Ähnliches über eine eingebaute Software komfortabel beeinflussen kann. Bei Nichtcomputersendern wäre das gar nicht oder nur über mechanische Eingriffe möglich. Zusätz-

lich kann man die gefundenen Einstellungen bei Sendern der gehobenen Preisklasse für unterschiedliche Modelle abspeichern.

Heute werden fast nur noch Sender mit diesen Möglichkeiten angeboten, einfache Sender findet man fast nicht mehr.

Durch die vielfältigen Misch- und Einstellmöglichkeiten ist es erst möglich geworden, komplizierte Modelle zu steuern. Einfache Modelle können auch ohne einen Computersender auskommen.

Delta-Peak-Verfahren

Delta-Peak ist ein Verfahren, mit dem intelligente Ladegeräte erkennen können, ob ein Nickel-Cadmium-Akku voll geladen ist. Dabei misst das Ladegerät regelmäßig die Spannung des Akkus und vergleicht sie mit den vorherigen Werten. Solange die Spannung ansteigt, ist der Akku noch nicht voll. Wenn der neue Wert dreimal unter dem vorherigen gelegen hat, bricht der Lader den Ladevorgang ab und meldet den Akku als voll. Hier macht man sich zunutze, dass Nickel-Cadmium-Akkus mit einem Spannungsabfall auf Überladung reagieren.

Bei Nickel-Metall-Hydrid-Zellen ist dieser Spannungsknick nicht so ausgeprägt. Daher müssen Schnelllader für diese Zellen eine besonders sensible Abschaltautomatik haben.

Depron

Ist der Handelsname für einen extrudierten Leichtschaum in Plattenform, der normalerweise als isolierende Untertapete benutzt wird. Aus diesen Platten, die es im Tapetenhandel

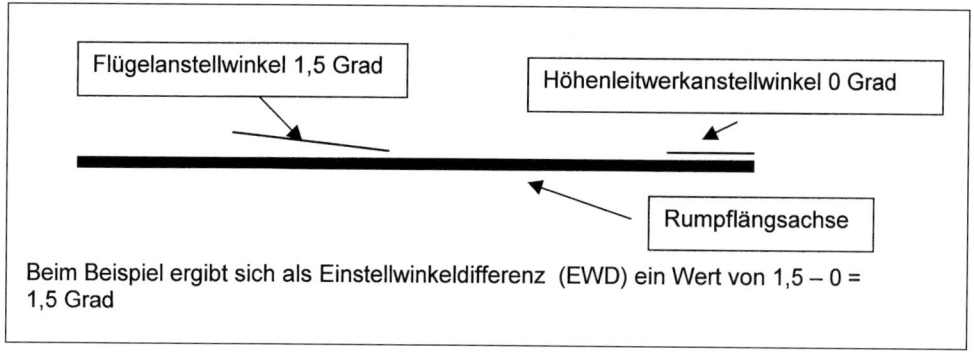

Flügelanstellwinkel 1,5 Grad

Höhenleitwerkanstellwinkel 0 Grad

Rumpflängsachse

Beim Beispiel ergibt sich als Einstellwinkeldifferenz (EWD) ein Wert von 1,5 – 0 = 1,5 Grad

günstig in Stärken von 3, 4, 5 und 6 mm zu kaufen gibt, kann man sehr einfach Modelle bauen. Durch sein geringes Gewicht eignet sich Depron besonders für einfache und leichte Modelle. Gerade Park-Flyer werden gern aus diesem Material gebaut.

Einstellwinkeldifferenz

Die Einstellwinkeldifferenz eines Flugmodells ist die Differenz der Anstellwinkel von Tragfläche und Höhenleitwerk.
Beim Beispiel (siehe oben) ergibt sich als Einstellwinkeldifferenz (EWD) ein Wert von 1,5 – 0 = 1,5 Grad

Flächenbelastung

Die Flächenbelastung eines Modells berechnet sich aus der Relation zwischen dem Flächeninhalt der Tragfläche und dem Fluggewicht des Modells. Der Flächeninhalt wird dabei üblicherweise in Quadratdezimeter (10×10 cm) gemessen und das Gewicht in Gramm. Ein Modell mit 24 dm² Fläche und einem Gewicht von 1.200 g hat also eine Flächenbelastung von 50 g/dm².
Oft wird auch der Gesamtflächeninhalt, also die Fläche der Tragfläche zuzüglich der Fläche des Höhenleitwerks, als Berechnungsgröße genommen.

Hotliner

Als Hotliner bezeichnet man einen schnellen, stark motorisierten Elektrosegler, der meistens nur über Höhen- und Querruder gesteuert wird. Die Modelle sind aufgrund ihres starken Antriebes und der sehr guten aerodynami-

schen Auslegung sehr schnell und können auch bei starkem Wind noch problemlos segelfliegen.

Lehrer-Schüler-Betrieb

Im Lehrer-Schüler-Betrieb haben sowohl der Lehrer als auch der Schüler einen eigenen Sender. Die beiden Sender sind mit einem Kabel miteinander verbunden und der Lehrer hat es in der Hand, ob er selbst oder der Schüler steuert. Bei besonders komfortablen Systemen kann man sogar einzelne Funktionen vom Lehrer an den Schüler übergeben. Voraussetzung ist allerdings in den meisten Fällen, dass es sich um Sender desselben Fabrikats handelt.

Memory-Effekt

Der Memory-Effekt ist der größte Feind der Nickel-Cadmium-Zellen. Wenn man diese Zellen nicht regelmäßig bis zu ihrer Entladegrenze von 0,7 Volt pro Zelle entlädt, „merkt" sich der Akku, dass man nicht die ganze Kapazität entnommen hat, und verliert dadurch auf Dauer an Kapazität. Wenn man also permanent nur 80 % der Kapazität entnimmt, wird der Akku bald auch nur noch 80 % Kapazität haben. Daher sollten Nickel-Cadmium-Zellen immer vollständig entladen werden.

Nickel-Metall-Hydrid-Zellen zeigen diesen Effekt deutlich schwächer, aber man sollte auch sie immer vollständig entladen.

Modellachsen

Als Modellachsen werden die drei Bewegungsebenen bezeichnet, um die sich ein

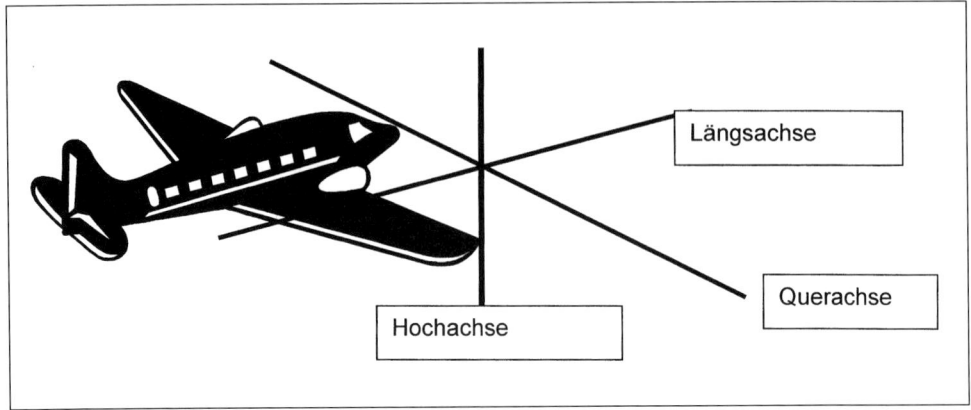

Flugmodell bewegen kann. Die Hochachse verläuft senkrecht durch das Modell und wird durch das Seitenruder gesteuert. Die Querachse verläuft waagerecht durch das Modell und wird durch das Höhenruder gesteuert. Die Längsachse verläuft längs entlang der Rumpfmittellinie durch das Modell und wird durch das Querruder gesteuert.
Alle drei Achsen treffen sich im Schwerpunkt des Modells.

Motorsturz

Wenn der Motor das Flugmodell nach vorn zieht, entsteht am Flügel ein Auftrieb, der dafür sorgt, dass das Modell, abhängig von der Drehzahl des Propellers, nach oben steigt. Um diesen Effekt zu kompensieren, neigt man die Motorwelle etwas nach unten, sodass das Modell in diese Richtung gezogen wird. Wenn der Motorsturz genau passt, wird das Modell bei steigender Propellerdrehzahl also nur schneller und steigt nicht unkontrolliert nach oben.

Schwerpunkt

Ganz allgemein ist der Schwerpunkt jeden Gegenstandes der Punkt, an dem alle Gewichtskräfte angreifen. Genauso verhält es sich beim Flugmodell, aber hier bekommt der Schwerpunkt noch eine weitere Bedeutung, da es für das Flugverhalten entscheidend ist, dass sich der Gewichtsschwerpunkt des Modells etwas vor dem Auftriebsschwerpunkt, also dem Punkt, an dem der Auftrieb des Modells

virtuell angreift, befindet. Bei jedem Modell ist angegeben, wo sich der Gewichtsschwerpunkt befinden soll, und die Komponenten im Modell müssen so angeordnet werden, dass diese Vorgabe erfüllt wird. Anderenfalls kann das Modell keine ausgewogenen Flugeigenschaften haben.

Seitenzug

Durch die Drehung des Propellers entsteht ein Drall, der dafür sorgt, dass ein Flugmodell, abhängig von der Drehzahl des Propellers, zu einer Seite ziehen will. Ein in Flugrichtung gesehen rechtsdrehender Propeller erzeugt einen Drang des Modells, nach links zu fliegen. Um diesen Effekt zu kompensieren, baut man den Motor so ein, dass die Welle einen Seitenzug nach rechts bekommt. Bei linksdrehenden Propellern würde man dem Motor entsprechend einen Seitenzug nach links geben.

Softliner

Ein Softliner ist ein Elektrosegler, der für das gemütliche Fliegen in der Thermik konstruiert wurde. Im Gegensatz zum Hotliner hat er eine geringere Grundgeschwindigkeit, die man durch ein geringeres Gewicht und eine größere Tragfläche erreicht. Allerdings erkauft man sich die guten Thermikeigenschaften oft durch eine geringere Stabilität, sonst wäre das Modell nicht so leicht, und ein schlechteres Durchsetzungsvermögen bei Wind. Dafür kann man im reinen Segelflugbetrieb bei günstigen Bedingungen viel länger fliegen als mit einem Hotliner.

Thermik

Eigentlich interessieren uns bei der Thermik am meisten die thermischen Aufwinde, die dadurch entstehen, dass sich die Luft durch Sonneneinstrahlung unterschiedlich aufheizt und die wärmere Luft dann nach oben steigt, während kältere Luft nach unten sinkt.

Neben dem Hangaufwind ist die Thermik die einzige Kraft, die dafür sorgt, dass Segelflugzeuge nicht nur einfach ihre Höhe abgleiten, sondern auch lange Flüge über große Distanzen machen können.

Verband

Die meisten Modellflugvereine sind in einem der zwei deutschen Dachverbände DAeC (Deutscher Aero Club, DAeC-Bundesgeschäftsstelle, Hermann-Blenk-Straße 28, 38108 Braunschweig, Tel.: 0531 23540-0, Fax: 0531 23540-11, Internet: www.daec. de) oder DMFV (Deutscher Modellflieger Verband e.V., Rochusstraße 104–106, 53123 Bonn, Tel.: 0228 978500, Fax: 0228 9785085, Internet: www.dmfv.de) organisiert. Die Verbände führen Wettbewerbe und Meisterschaften durch, bieten Versicherungsleistungen an und unterstützen die Modellflugvereine in juristischen Fragen. Außerdem sind sie die Ansprechpartner der Politik, wenn es um Gesetzgebungsfragen geht.

Versicherung

Wenn im Zusammenhang mit Modellflug über Versicherungen gesprochen wird, geht es zumeist um eine Haftpflichtversicherung, die gegen Ansprüche schützen soll, die aus dem Betrieb eines Modellflugzeuges entstehen.

Im Gegensatz zu vielen anderen Risiken deckt die übliche Privathaftpflichtversicherung keine aus dem Betrieb eines Flugmodells mit Antrieb verursachten Schäden. Reine Segler sind in vielen Policen bis zu einem Gewicht von 5 kg abgedeckt. In jedem Fall ist es sinnvoll, eine separate Haftpflichtversicherung für Modellflugzeuge abzuschließen. Das kann entweder bei einer der üblichen Versicherungen geschehen, meistens ist es aber günstiger, sich über einen Verein bei einer Verbandsversicherung abzusichern.

V-Form

Die V-Form der Flügel ist die Differenz der Neigung der Flügelhälften zur Waagerechten. Durch die V-Form stabilisiert sich ein Modell um die Längsachse und bei entsprechender V-Form beendet ein Flugmodell selbstständig einen Kurvenflug. Bei zu viel V-Form entsteht eine Überstabilisierung und das Modell kommt ins Pendeln

Checklisten

Einkaufsliste

1. Rund um das Modell
– Modellbausatz
– Klebstoffe
  – Sekundenkleber
  – 5-Minuten-Epoxy
  – Holzleim
– Kleinteile für die Anlenkung der Ruder
– Bespannmaterial, wenn nicht ARF

2. Antrieb
– Motor, eventuell mit Getriebe
– Luftschraube bestehend aus
  – Mitnehmer
  – Spinner
  – Luftschraube oder
    Luftschraubenblättern mit Mittelteil
– Akku
– Steckverbinder zwischen Akku und Regler
– Ladekabel für den Anschluss des Akkus ans Ladegerät
– Entstörsatz (Kondensatoren)

3. Fernsteuerung
– Sender
– Senderakku
– Ladekabel für den Anschluss des Senders ans Ladegerät
– Servos
– zum Antrieb passender Fahrtregler oder Schalter
– eventuell Empfängerakkus
– Ladekabel für den Empfängerakku

Checkliste vor dem Erstflug

1. In der Werkstatt
Am Modell
- Passt die Einstellwinkeldifferenz (EWD) gemäß Bauanleitung?
- Sitzen alle Teile im korrekten Winkel zueinander?
  - Fläche zu Rumpf
  - Höhenleitwerk zu Rumpf
  - Seitenleitwerk zu Rumpf und Höhenleitwerk
- Ist die Fläche verzogen?
- Ist das Höhenleitwerk verzogen?
- Sind alle Teile stabil miteinander verbunden (verklebt oder verschraubt)?
- Ist die Bespannung überall sicher befestigt?
- Ist der Schwerpunkt an der richtigen Stelle (siehe Bauanleitung)?

Der Antrieb
- Ist der Motor stabil befestigt?
- Kann die Luftschraube frei drehen?
- Können die Blätter der Klappluftschraube anklappen und wieder aufklappen?
- Erreicht der Motor seine Höchstdrehzahl?
- Ist der Akku stabil im Modell befestigt?
- Funktioniert die Kühlung für Motor, Regler und Akku?

Die Fernsteuerung
- Laufen alle Anlenkungen zu den Rudern leicht und spielfrei?
- Können die Servos in Endstellung laufen, ohne mechanisch begrenzt zu sein?
- Sind die Ruderausschläge so groß wie in der Anleitung vorgesehen?
- Laufen die Ruder sinnrichtig?
- Sind die Bowdenzüge/Schubstangen sicher an den Ruderhörnern befestigt?
- Sind alle Komponenten (Empfänger, Regler, Servos, Schalter) gut befestigt?
- Verlaufen alle Kabel ohne mechanische Beanspruchung?

2. Auf dem Flugplatz
- Reichweitentest. Bei eingeschobener Senderantenne sollten die Signale noch mindestens 10 m weit, auch bei laufendem Elektromotor, empfangen werden.
- Rudertest wie oben, am besten zusammen mit einem anderen Piloten.
- Alle anderen Prozeduren wie bei der Checkliste Start.

Checkliste Start und Landung

Vor dem Start
- (P) Ist der Senderkanal frei?
- (A) Sender einschalten.
- (P) Ist der richtige Speicher eingestellt?
- (P) Stehen alle Trimmschieber richtig?
- (P) Kann der Propeller frei drehen?
- (P) Steht der Gasknüppel auf Motor-Aus?
- (P) Ist der Flugakku voll geladen?
- (P) Ist der Empfängerakku voll?
- (A) Geladenen Akku einbauen.
- (A) Akku korrekt anschließen und sichern.
- (A) Empfänger einschalten.
- (A) Ruderkontrolle
- (P) Stehen alle Ruder mittig?
- (P) Bewegen sich alle Ruder sinngerecht und frei bis zu Endstellung?
- (P) Läuft ein Servo auf Anschlag?
- (P) Läuft der Motor in die richtige Richtung und bis zur Höchstdrehzahl?
- (P) Ist das Flugfeld frei von Hindernissen?
- (P) Will ein anderer Pilot landen?
- (A) Eventuell Starterlaubnis vom Flugleiter einholen.
- (P) Windrichtung überprüfen.
- (A) Start ankündigen.
- (A) Starten.

Nach der Landung
- (A) Empfängerakku ausschalten.
- (A) Flugakku trennen und ausbauen.
- (A) Sender ausschalten.
- (A) Leeren Flugakku getrennt von den vollen Akkus aufbewahren.
- (P) Modell auf Beschädigungen kontrollieren und Mängel beheben.
- (A) Modell sichern.

(A) = Aktion
(P) = prüfen

Flügelanstellwinkel 1,5 Grad
Höhenleitwerkanstellwinkel 0 Grad
Rumpflängsachse
Längsachse
Querachse
Hochachse